DEUTSCHE AKADEMIE
DER LANDWIRTSCHAFTSWISSENSCHAFTEN ZU BERLIN

ARCHIV FÜR GEFLÜGELZUCHT UND KLEINTIERKUNDE

Begründet als
„ARCHIV FÜR GEFLÜGELKUNDE“
im Jahre 1926
von Jan Gerriets

7. BAND · HEFT 1/2 · 1958

AKADEMIE-VERLAG · BERLIN

DEUTSCHE AKADEMIE
DER LANDWIRTSCHAFTSWISSENSCHAFTEN ZU BERLIN

ARCHIV
FÜR
GEFLÜGELZUCHT
UND
KLEINTIERKUNDE

Begründet als
„ARCHIV FÜR GEFLÜGELKUNDE“
im Jahre 1926 von Jan Gerriets

Schriftleiter
Prof. Dr. phil. Dr. h. c. Jan Gerriets
ehem. Direktor des Instituts für Kleintierzucht
der Humboldt-Universität Berlin

7. BAND · HEFT 1/2 · 1958

AKADEMIE-VERLAG · BERLIN

INHALTSVERZEICHNIS

Herausgeber: Deutsche Akademie der Landwirtschaftswissenschaften zu Berlin. Chefredakteur: Prof. Dr. phil. Dr. h. c. Jan Gerriets, Landwirtschaftlich-Gärtnerische Fakultät der Humboldt-Universität, Institut für Kleintierzucht, Berlin N 4, Invalidenstraße 42. Verlag: Akademie-Verlag GmbH., Berlin W 8, Mohrenstraße 39. Fernruf 200386, Postscheckkonto: Berlin 35021. Bestell- und Verlags-Nummer dieses Heftes 1041/VII/1/2. Das „Archiv für Geflügelzucht und Kleintierkunde" erscheint in zwangloser Folge (jährlich 4—6 Hefte). Bezugspreis je Heft DM 5,—. Der Preis dieses Doppelheftes beträgt DM 10,—. Veröffentlicht unter der Lizenz-Nr. ZLN 5006 des Ministeriums für Kultur, Hauptverwaltung Verlagswesen. Gesamtherstellung: VEB Druckerei „Thomas Müntzer" Bad Langensalza.

Autorenhonorare werden nach Herausgabe jedes Heftes von der Deutschen Akademie der Landwirtschaftswissenschaften zu Berlin überwiesen. Die Verfasser erhalten bis zu 50 Sonderdrucke kostenlos. Bei Verlust durch höhere Gewalt kein Ersatzanspruch.

Archiv für Geflügelzucht und Kleintierkunde
7. Band 1958

INHALTSVERZEICHNIS

Sachverzeichnis

Autorenverzeichnis

Einiges über Verteilungs- und Organaffinitätsstudien mit Radiopapain (S^{35}) und Radiotromalyt (S^{35}), sowie die Behandlung von Geflügelviruskrankheiten mit Papain und Antibiotika aus Blütenpflanzen

Von H. W. Scharpenseel, R. Acevedo, A. B. Rocha und B. R. Rabang

In früheren Reports [17], [18], [19] wurde vom Verfasser bereits auf die wachstumsbeschleunigende Wirkung hingewiesen, die sich durch die Verwendung von proteolytischen Fermenten wie Papain und von antibiotisch wirksamen Pflanzenextrakten als Futtersupplemente erzielen läßt.

Desgleichen wurde bereits über eine wahrscheinliche resistenzerhöhende Wirkung solcher Futtersupplemente gegen Geflügelviruskrankheiten berichtet.

Die Ergebnisse all unserer Versuche bezüglich Wachstumsbeschleunigung und höherer Gewichtszunahme werden in einem anderen Artikel zusammengestellt werden.

Die vorliegende Arbeit dagegen beschäftigt sich einerseits mit dem Schicksal zweier prominenter Vertreter der von uns untersuchten Futtersupplemente — des Papains und des antibiotisch wirksamen senfölartigen Extrakts aus *Tropaeolum maius* — nach peroraler Aufnahme im Körper des Huhns. Anderserseits werden einige Beispiele über erfolgreiche Behandlung von Haustier-Viruskrankheiten, speziell Hühnerpocken und Hühnerpest, mit solchen antibiotischen Wirkstoffen aus höheren Pflanzen gegeben.

I. Literatur

1. Wachstumsstimulation

Die wachstumsstimulierende und verdaulichkeitserhöhende Wirkung des Papains in vivo findet in der Literatur mehrfache Erwähnung bei Ram Mohan und Screenivasaya [15], die feststellten, daß Papainsäure-Hydrolysat einen Wachstumsfaktor für die Entwicklung von *Lactobacillus arabinosus* enthält. In Gegenwart von Papain-Hydrolysat wurde 25—30% mehr Milchsäure gebildet als in dem Kontrollansatz.

Die in vivo Aktivität des Papains wurde in Rattenversuchen von Arnold, Schmitz und Blumberg [1] geprüft, wo eine etwa 4% Papain enthaltende Diät die Verdaulichkeitsrate auf 180% zu erhöhen vermochte. Auch reversibel inaktives S-S-Papain vermag nach Hinkel und Arnold [12] in vivo die Verdaulichkeit zu steigern, so daß in vivo die Protainverdaulichkeit durch Papain proportional ist zur Summe des vorhandenen aktiven plus reversibel inaktiven Ferments.

Wyzan, Shepherd und Arnold [28] untersuchten in ähnlicher Weise durch N-Bilanzversuche die in vivo Aktivität des Papains im Organismus des Hundes mit Soja-Protein als Haupteiweißquelle. Durch Zugabe von 0,2% Papain konnte die Proteinverdaulichkeit im Durchschnitt der 9 Versuchstiere um 15,5% über das Niveau der mit Hitze-desaktiviertem Papain gefütterten Kontrollgruppe gehoben werden.

Während eine Zugabe von Cystin oder Methionin auch die biologische Wertigkeit des vegetabilen Futterproteins zu steigern vermochte, wurde eine solche Wirkung durch Papain allein nicht hervorgebracht.

In Fütterungsversuchen mit Küken fand SCHARPENSEEL [17], [18], [19], [20] eine erhebliche Wachstumszunahme und verbesserte Futterausnutzung, wenn pro Tier und Tag 10—30 mg Papain der Futterration beigemischt wurden. Noch bessere Ergebnisse wurden in den gleichen Experimenten mit dem hier ebenfalls beschriebenen Pflanzenantibiotikum aus *Tropaeolum maius* erzielt.

Schweinefütterungsversuche unter Verabreichung von *Tropaeolum maius*-Antibiotikum, die von BOEGER, WESTERHOFF und WINTER [5] in der Versuchsanstalt Wahn/Rhld. durchgeführt wurden, erbrachten eine Futtereiweißersparnis durch das Tromalytöl von 14,3%.

2. *Antivirus-Effekt*

Über das Verhalten proteolytischer Fermente, speziell des Papains, gegenüber Mikroben, herrscht wohl insofern Einigkeit, als man den immer wieder beobachteten hemmenden und zerstörenden Einfluß auf verschiedenste Bakterien der proteolytischen Aktivität und nicht echten antibiotischen Eigenschaften zuschreiben muß (RIGAUD, RABIN und BRISON [16]) (SCHARPENSEEL [18], [19]). DREYFUSS [7] benutzte eine 0,67%ige Papainlösung in Blut sogar als überlegenes Kulturmedium für *Streptococcus viridans*, wobei das Papain zugleich als Antikoagulat agierte und den antibakteriellen Effekt von Sulfonamiden zu eliminieren vermochte.

Andererseits kann das Papain nach CARRAZ [6] erfolgreich verwandt werden zur Zerstörung des Tuberkelsputums und der dem Tuberkulose-Bazillus assoziierten Mikroorganismen.

In bezug auf Papain-Proteolyse von Virus ergeben sich ähnliche Verhältnisse. Im normalen p_H-Optimum (6,8—8 p_H) lassen sich nach ZALMANZON [29] z. B. die Polyeder der „Silkworm Jaundice“ nicht spalten. Nur nach Sensibilisierung durch 0,2%ige HCl und Glykokoll bei einem p_H von 2,92 werden sie labil gegen Papain Proteolyse.

Papain besitzt dagegen nach Versuchen von KALMANSON und BROFENBRENNER [13] spezielle digestive Fähigkeiten gegenüber Virus Antitoxin, die Trypsin und Pepsin nicht eigen sind. Besonders genannt sind hier Coliphagen-, Botulinus- und Pneumococcen-Antitoxin.

Da papainverdaute überneutralisierte (unreaktiviert) Coliphagen keine Ausbildung von coliphagen Antikörpern anregen und stimulieren, wird an die Verwendung von neutralisiertem Virus zur Immunisierung gedacht.

Papain besitzt andererseits die Fähigkeit Virus vorübergehend abzubinden. Nach TOVARNITZKII [25] formieren sich die beiden biologisch-aktiven Proteine des Papains und des Influenza-Virus auf Grund der großen Verschiedenheit ihrer isoelektrischen Punkte zu einem salzartigen Virus-Papainat, das absolut inaktiv und unlöslich in Wasser ist. Dieses Virus-Papainat kann durch konzentrierte Salzlösungen wieder in ein reversibel inaktives –S–S-Papain und Virus-Protein mit voller biologischer und antigenischer Aktivität gespalten werden.

Hier vermag Papain demnach Virus in reversibler Weise zu desaktivieren durch Eingehen einer Komplexbindung.

Das lipophile antibiotische Prinzip von *Tropaeolum maius* (Kapuzinerkresse) wurde schon von GERMER [8], sowie KLESSE und LUKASCHEK [14] auf eine wahrscheinliche Wirkung gegen große Viren hin verdächtigt. Auch wir konnten später einige eigene Ergebnisse [18], [19], [20] über offenbare Resistenzerhöhung bei Tromalyt gefütterten Küken gegen Hühnerpocken-Virus beitragen, die inzwischen durch die im zweiten Teil dieser Arbeit beschriebenen Versuche ausgebaut wurden.

Das Wirkungsspektrum von Tromalyt gegen Bakterien wurde in zahlreichen Arbeiten von WINTER [26], GERMER [8] u. a. beschrieben mit den jeweils beobachteten Grenzverdünnungen.

II. Experimenteller Teil

1. Organ-Affinitäts-Studien

Das in den Ausscheidungs- und Verteilungsstudien verwandte Radiopapain wurde auf folgende Weise hergestellt: Ein *Carica papaya*-Baum, der seit dem Keimpflanzenstadium in einem 1,5 m^3 großen, sandgefüllten Holzbehälter aufwuchs, bekam vom Blütestadium an als einzige Schwefelquelle in der Nährlösung 1 mc $K_2S^{35}O_4$. Hochgradig gereinigtes, kristallines Papain enthält nach BALLS, LINEWEAVER und THOMPSON [3], [4] im Durchschnitt 1,2% Schwefel (keinen Phosphor).

Daher zeigte die später aus den angeritzten, unreifen Früchten gewonnene Latex eine ziemlich hohe spezifische Aktivität, die sich durch den anschließenden Reinigungsprozeß noch verbesserte. Da nur etwa 20% der Latex-Trockensubstanz aus den eigentlichen Proteasen bestehen, wurde die radioaktive Latex zunächst mit Äthyläther, darauffolgend der Reihe nach mit Chloroform, Petroleumäther und Alkohol erschöpfend extrahiert. Das übrigbleibende grauweiße, weitgehend wasserlösliche Pulver wurde nun in lauwarmem Wasser gelöst und mit dem dreifachen Volumen konzentrierten Alkohols wieder ausgefällt. Dieses gereinigte und gefällte Papain abfiltriert und getrocknet ließ sich sehr gut zu 70 cc lösen für die perorale Verabreichung an 3 Versuchstiere mittels einer Schlundsonde.

Das „Radiotromalyt“, ein Benzylsenföl mit Thiocyanat-Gruppe, wurde auf ähnliche Weise gewonnen, indem junge in Sandkultur mit Radioschwefel ernährte Kressepflanzen eine Stunde lang im vorher geschlossenen Rückflußsystem mit wenig Äther extrahiert wurden. Diese Methode erwies sich als besser im Vergleich mit der Wasserdampfdestillation und späterem Ausschütteln des flüchtigen antibiotischen Prinzips mit einigen cm^3 hochgereinigtem, gut emulgierendem Avocado-Öl.

TABELLE 1a

Gemessene, unkorrigierte und korrigierte Aktivitäten der Organe, Gewebe und Exkretionen der drei Versuchstiere

Organ, Gewebe	Aktivität (2 Min.) der Organ-Probe	korrigiert für o-Effekt	korrigiert für Zählrohr Verschleiß	totale Organaktivität	korrigiert für Selbstabsorption	korrigiert für Zerfall ln $2/T$ 1/2	Organaktivität in % der Gesamtaktivität (Organe und Gewebe plus Exkremente)
	pp 2m	pp 2m	pp 2m	pp 2m	pp 2m	pp 2m	%
1	2	3	4	5	6	7	8
Versuchstier Nr. 1, geschlachtet 40 Stunden nach peroraler Applikation des Papains							
Blut	649	449	478	956	1 673	1 765	2,9
Federn	282	82	87	1 218	4 628	4 883	8,06
Skelett	893	693	738	9 140	6 672	7 039	11,62
Fleisch	313	113	120	2 716	2 309	2 436	4,02
Haut und Fett	494	294	313	2 418	1 572	1 658	2,74
Leber und Galle	479	279	297	475	708	747	1,23
Niere	678	478	509	509	616	650	1,07
Lunge	337	137	146	146	198	209	0,35
Herz	598	398	424	424	263	277	0,46
Milz und Pancreas	542	342	364	364	237	250	0,41
Magen und Kropf	936	736	784	2 038	1 396	1 473	2,43
Därme	868	668	712	1 979	2 790	2 943	4,86
Testes	331	131	139	139	83	88	0,14
Gehirn	317	117	125	125	74	78	0,13
Fäzes	2025	1825	1944	23 911	34 193	36 074	59,56
Summe						60 570	100,00

TABELLE 1b

Versuchstier Nr. 2, geschlachtet 96 Stunden nach peroraler Applikation des Papains

Organ, Gewebe	2	3	4	5	6	7	8
Blut	543	343	343	1 612	2 104	2 236	1,52
Federn	329	129	129	1 115	5 742	6 104	4,15
Skelett	750	550	550	10 917	16 321	17 349	11,79
Fleisch	445	245	245	5 060	6 755	7 180	4,88
Haut und Fett	712	512	512	2 936	1 982	2 107	1,43
Leber und Galle	943	743	743	1 100	1 512	1 607	1,09
Niere	595	395	395	395	444	472	0,32
Lunge	641	441	441	441	598	636	0,43
Herz	708	508	508	508	338	359	0,24
Milz und Pancreas	605	405	405	405	524	557	0,38
Magen und Kropf	1087	887	887	2 736	2 394	2 545	1,73
Därme	782	582	582	2 188	3 304	3 512	2,39
Testes	304	104	104	104	64	68	0,046
Gehirn	292	92	92	92	57	61	0,041
Fäzes (anorganischer S)	6031	5831	5831	29 213	48 347	51 393	
Fäzes (Gesamtschwefel)	5450	5250	5250	105 210	96 267	102 332	69,55
Summe						147 125	100,00

TABELLE 1c

Organ, Gewebe	Aktivität (2 Min.) der Organprobe pp 2m	korrigiert für o-Effekt pp 2m	korrigiert für Zählrohr Verschleiß pp 2m	totale Organaktivität pp 2m	korrigiert für Selbstabsorption pp 2m	korrigiert für Zerfall ln 2/T 1/2 pp 2m	Organaktivität in % der Gesamtaktivität (Organe und Gewebe plus Exkremente) %
1	2	3	4	5	6	7	8
Versuchstier Nr. 3, geschlachtet 186 Stunden nach peroraler Applikation des Papains							
Blut	505	306	334	1 369	2 314	2 511	1,70
Federn	313	114	125	1 490	2 414	2 619	1,77
Skelett	686	487	532	15 024	34 555	37 492	25,34
Fleisch	451	252	275	5 692	6 347	6 886	4,65
Haut und Fett	941	742	811	4 262	7 672	8 324	5,63
Leber und Galle	627	428	468	753	1 205	1 307	0,88
Niere	552	353	386	386	382	414	0,28
Lunge	616	417	456	456	1 710	1 855	1,25
Herz	602	403	440	440	664	720	0,49
Milz und Pancreas	533	334	365	365	482	523	0,35
Magen und Kropf	829	630	688	1 820	4 732	5 134	3,47
Därme	585	386	422	1 836	5 214	5 657	3,82
Testes	446	247	270	270	204	221	0,15
Gehirn	273	74	81	81	58	63	0,042
Fäzes (anorganischer S)	1764	1565	1710	21 460	36 482	39 583	
Fäzes (Gesamtschwefel)	855	656	717	18 003	68 411	74 226	50,17
Summe						147 952	100,00

TABELLE 2

Prozentualer Aktivitätsanteil der verschiedenen Organe und Gewebe incorporierten, nicht ausgeschiedenen Papain an dem

Organ oder Gewebe	Versuchstier I %	Versuchstier II %	Versuchstier III %
Blut	7,17	4,99	3,41
Federn	19,93	13,63	3,56
Skelett	28,73	38,72	50,85
Fleisch	9,94	16,03	9,34
Haut und Fett	6,78	4,70	11,29
Leber und Galle	3,05	3,58	1,77
Niere	2,66	1,05	0,56
Lunge	0,87	1,41	2,51
Herz	1,15	0,79	0,98
Milz und Pancreas	1,02	1,26	0,70
Magen und Kropf	6,00	5,69	6,97
Därme	12,03	7,85	7,68
Testes	0,35	0,16	0,30
Gehirn	0,32	0,14	0,084
Summe	100,00	100,00	100,00

Das gewonnene radioaktive Öl erwies sich im Plattenkontrolltest als bakteriostatisch gegenüber *Staphylococcus aureus*, *Escherichia coli* und *Bazillus subtilis*, den ursprünglich von WINTER [26] für das Tromalit verwandten Teststämmen.

Die Radiopapainlösung wurde an die 12 Wochen alten drei Versuchstiere mit je 10 cm³ in zwei Portionen und 24stündigem Abstand verabreicht. Die drei Tiere wurden 2,4 und 8 Tage nach der ersten Applikation geschlachtet und zerlegt. Die Ausscheidungs- und Verteilungsquoten sind in Tab. 1 a, b, c, und 2 zusammengefaßt.

Das Tromalytöl wurde zu gleichen Volumen mit Wasser gemischt und mit 10% Tween 80 emulgiert. Jedes der zwei 14 Wochen alten Versuchstiere bekam 1,5 cm³ mittels einer Schlundsonde verabreicht. Das erste Tier wurde 24, das zweite 72 Stunden post applicationem geschlachtet. Die Ausscheidungs- und Verteilungsraten sind aus Tab. 5 a und b zu ersehen.

Von den Untersuchungen WINTERS und HALBEISENS ist bekannt, daß Tromalytantibiotikum keinen nachteiligen Einfluß auf das Blut ausübt, in dem es vorübergehend inaktiviert ist. Es wirkt sogar leicht Imuntiter-erhöhend und verbessert die Phagozytose.

Papain dagegen wirkt unter gewissen Bedingungen hämolytisch. Deshalb wurden Blutuntersuchungen durchgeführt, vor und nach Papain-Verfütterung, deren Ergebnisse aus Tab. 3 hervorgehen.

Tab. 1 a, b, c und 2 erläutern das Schicksal des per os verabreichten Radiopapains im Tierkörper. Die in Geweben und Kot wiedergefundene Gesamtaktivität des ersten, 40 Std. p. applic. geschlachteten Tieres ist weniger als halb so hoch als die Gesamtaktivitäten des zweiten (96 Std. p. appl.) und dritten (186 Std. p. appl.) geschlachteten Versuchstieres, welch letztere beiden ungefähr identisch sind. Dies zeigt, daß innerhalb einer Periode von 40 Std. Resorption und Ausscheidung des Radiopapains unvollständig waren, da der beim ersten Versuchstier fehlende Aktivitätsbetrag durch Verwerfen des unresorbierten und unausgeschiedenen Magen- und Darminhalts verloren ging. Dies zeigt andererseits, daß Papain als Futtersupplement wegen der ziemlich langen Ausscheidungsperiode offenbar die Möglichkeit hat, eine Intensivierung der Futterverdaulichkeit zu bewerkstelligen. Die Verteilung des Radiopapains in den verschiedenen Organen und Geweben ähnelt durch den hohen Anteil des Skeletts, der Haut und des Magens bei einer geringen Organaffinität zu Leber, Niere und Muskulatur, mehr dem Verteilungstyp, den wir früher beim radioaktiven anorganischen SO_4-Schwefel fanden [21], als dem, der sich uns während des Studiums der Verteilung radioaktiven Methionins [11], [22] darbot.

Ansonsten ist zu ersehen, daß im Gegensatz zum inorganischen SO_4-Schwefel, wo nur etwa 5% von den Versuchstieren resorbiert wurden [21], fast die Hälfte des Radiopapains auf Grund seiner Proteinnatur im Körper festgelegt und assimiliert wird.

Da etwa die Hälfte des ausgeschiedenen Radioschwefels bereits in remineralisierter inorganischer Form vorliegt, also nach vorheriger Resorption durch die Niere zur Ausscheidung kam, wurden insgesamt etwa 75% des Radiopapains aus dem Verdauungstrakt resorbiert.

Durch Vergleich der analogen Werte in Tab. 1a, b, c und 2 ergibt sich, daß die stärkste Ausscheidungsperiode zwischen 40 und 96 Std. p. appl. liegt. Während das Aktivitätsniveau in Herz, Magen, Testes und Hirn verhältnismäßig uniform ist, zeigen Federn, Muskeln und Därme eine anfänglich starke Einwanderung, die aber dann zugunsten von Skelett, Haut und Lunge stark zurückgeht. Der Aktivitätsspiegel von Leber und Niere ist beständig im Abnehmen.

Das Skelett besitzt eine besonders hohe Affinität für Radiopapain und seine Metaboliten, was uns veranlaßte, Blutuntersuchungen anzustellen zum Studium einer eventuellen negativen Beeinflussung der Hämatopoese.

Die Ergebnisse der Blutuntersuchungen zeigt Tab. 3.

TABELLE 3

Ergebnisse der Blutuntersuchungen vor und nach peroraler Verabreichung von Papain in zwei verschiedenen Dosen

Durchgeführter Blut-Test	Huhn 1 500 mg Papain per os	Huhn 2 100 mg Papain per os
I. Erythrozyten in Millionen		
Vor der Papain-behandlung	3,61	2,8066
24 Std. p. Applic.	3,29	2,355
48 Std. p. Applic.	3,445	2,945
72 Std. p. Applic.	3,565	2,085
II. Leukozyten in vollem Meßwert		
Vor der Papain-behandlung	19 552	13 465
24 Std. p. Applic.	6 092	10 267
48 Std. p. Applic.	12 952	10 164
72 Std. p. Applic.	17 162	13 767

Das verabreichte Papain in Beträgen von etwa 0,01 und 0,05% des Lebendgewichts der Versuchstiere, von dem auf Grund unserer Verteilungsstudien mit Radiopapain etwa 25—50% in die Knochensubstanz einwandern, besitzt offenbar einen direkten Einfluß auf das Blutbild. Während die Erythrozyten eine schwache Abnahme in ihrer Konzentration erfahren, muß der Effekt auf die weißen Blutkörperchen schon als eine starke Depression des Leukopoetischen Apparates bezeichnet werden. Dies zeigt sich vor allem bei dem ersten Versuchstier, dem 500 mg Papain (etwa 0,5% des Körpergewichts) verabreicht wurden.

Die Ergebnisse der Tab. 3 lassen ein Futtersupplement mit Papain — einmalig oder wiederholt — in Beträgen von 0,01% und mehr vom Lebendgewicht als äußerst fragwürdig erscheinen, während in praktischen Fütterungsversuchen mit einem Papain-Supplement von 0,001—0,005% des Lebendgewichts der Versuchstiere niemals irgendwelche nachteilige Beobachtungen wie geringe Infektions-Resistenz oder hohe Mortalitätsrate beobachtet werden konnten.

Es braucht kaum erwähnt zu werden, daß das Papain im Tierkörper durch Kochen oder Braten irreversibel desaktiviert ist, wodurch irgend ein Einfluß dieses Papain-Supplements auf die Hämatopoese des menschlichen Konsumenten entfällt.

Andererseits erhebt sich auf Grund der verhältnismäßig langen Periode der Körperpassage des Radiopapains, sowie der hohen Inkorporationsrate ein weiteres interessantes Problem, das der „in vivo meat tenderization". Falls das Papain teilweise ungespalten, oder nur reversibel desaktiviert in die Gewebe gelangt, ließe sich vielleicht das vor allem in Amerika bisher in der Küche praktizierte Zartmachen von Fleisch durch Einreiben mit Papainpulver, oder die Gewohnheit tropischer Völker, Fleisch vor der Verarbeitung zum Zartmachen in Papayablätter zu wickeln, auf dem Fütterungswege lösen (durch Supplement mit Papain).

Gelatine [9] und Milchkoagulationstests [2] an verschiedenen Geweben mit Papain gefütterter Tiere (100 und 500 mg Papain pro Tier per os) zeigten im Vergleich zur Papain-freien Kontrolle, daß die meisten Preßsäfte der verschiedenen homogenisierten Gewebeproben erhebliche proteolytische Aktivitäten besaßen, während die Gewebe des Papain-frei gefütterten Kontrolltiers sich als nicht proteolytisch aktiv erwiesen, abgesehen von einer geringen verspätet einsetzenden Enzym-Aktivität, die auf das nach dem Schlachtungsprozeß interzellular gebildete Kathepsin zurückgeführt werden muß.

Tab. 4 zeigt die Ergebnisse der Gelatine- und Milchkoagulations-Tests. Der gelatineüberzogene Filmstreifen wurde in Abweichung von der Originalmethode nach HAAS [9] direkt 2 cm tief in einem Reagenzglas in die homogenisierte Organ- und Gewebesubstanz getaucht.

TABELLE 4

Die In Vivo-Aktivität des Papains, veranschaulicht durch Gelatine- und Milchgerinnungs-Tests

Organ oder Gewebe	Gelatine-Methode						Milch-Gerinnungs-Methode		
	Huhn 1 500 mg Papain		Huhn 2 100 mg Papain		Huhn 3 — —		Huhn 1 500 mg Papain	Huhn 2 100 mg Papain	Huhn 3 — —
	Zeitverbrauch für Verdauung						Zeitverbrauch für Gerinnung		
	Std.	Min.	Std.	Min.	Std.	Min.	Min.	Min.	Min.
Fleisch (Muskel)	19	10	32	45	40	35	1/2	1	*
Skelett (Knochen)	39	13	39	40	42	27	4	*	*
Herz	11	25	—	—	42	27	keine	Probe	vorhanden
Leber und Galle	6	44	11	00	11	10	12	15	*
Blut	keine		Probe		42	27	11	*	*
Magen	25	11	8	45	29	40	18	2	*
Lunge	25	11	39	44	39	45	2	4	*
Milz und Pancreas	1	03	2	15	25	20	keine	Probe	vorhanden
Därme	5	00	5	05	17	10	*	*	*
Niere	25	11	29	40	17	10	4	*	*
Haut und Fett	29	28	39	20	39	10	*	*	*

*: solche Proben, bei denen eine Milchkoagulation erst nach vielen Stunden während der Nacht eintrat,

—: solche Proben, wo keine Gelatine-Verdauung beobachtet werden konnte.

Die Ergebnisse der Milchgerinnungs-Methode können wohl als mehr spezifisch angesehen werden, da dem Papain in stärkerer Weise als den meisten proteolytischen Körperenzymen (Trypsin, Kathepsin) ein renninartiger Koagulationseffekt auf Milch zu eigen ist (im Reaktionsgebiet nahe p_H 5,0).

Dies muß berücksichtigt werden in bezug auf die absoluten und relativen Unterschiede und Abweichungen der Ergebnisse aus Gelatine- und Milchgerinnungs-Test; denn die Gelatine-Methode spricht praktisch auf alle im Körper vorhandenen proteolytischen Fermente an.

Es ist klar zu erkennen aus Tab. 4, daß nur die Gewebe der mit Papain gefütterten Tiere eine schnelle Koagulation der Standardmilch bewirken und in der Lage sind, die Gelatineschicht des Filmstreifens in verhältnismäßig kurzer Zeit zu verdauen. Dies beweist, daß peroral verabreichtes Papain zumindest teilweise die Organe und Gewebe in voll aktiver Form erreicht und eröffnet die Aussicht auf eine vielleicht erfolgreiche Methode zum Zartmachen zähen Fleisches im noch lebenden, meist älteren Tier, durch wiederholtes Verfüttern von Papain kurz vor der Schlachtung.

Tab. 5 a und b zeigen die Ausscheidung und Verteilung des per os verabreichten Tromalyts. Wie STICKL [23], [24] im Plattengastest mit verschiedenen Kulturen bei Erwachsenen, Säuglingen und Versuchstieren nachwies, wird das Benzyl-Senfölartige aktive Prinzip bereits im oberen Magen- und Darmbereich vollständig resorbiert und verhältnismäßig langsam speziell über die Harnwege und Schleimhäute des Respirationstraktes ausgeschieden. Dem gleichen Autor zufolge ist das lipophile Antibiotikum während der Blutpassage in reversibel inaktiver Form an Serum, Blutkörperchen und speziell Hämoglobin gebunden, kann aber an verschiedene Organe und Gewebe abgegeben und dort reaktiviert werden. Das antibakterielle Prinzip, welches sogar ins Zellinnere vordringt, ist andererseits sehr locker von verschiedenen Organen fixiert und dort im Gastest nach WINTER [27] festzustellen.

Während auf Grund der Untersuchungen STICKLS [23], [24] die Ausscheidungsorgane Niere und Lunge, sowie die Milz, stets eine ziemlich hohe Hemmwirkung besaßen, zeigten Leber und Hirn durch Maskierung und intensive Bindung einen sehr niedrigen Schwellenwert. In Galle und Liquor ließen sich nur Spuren nachweisen.

Durch die Verwendung radioaktiven Tromaltys mit Hähnchen als Versuchstieren ergibt sich teilweise ein anderes Bild in bezug auf das Schicksal des Hauptanteils des Mittels, das offenbar selbst, sowie in Form seiner Metaboliten in die Muskulatur, sowie in geringerem Maße in Skelett, Federn, Haut, Leber, Magen und Darmgewebe eingeht. Da die Ergebnisse der Tracer Technik unbeeinflußt sind von vorübergehenden Adsorptions- und Maskierungserscheinungen, mögen sie in gewisser Weise trotz der Verschiedenheit der verwandten Versuchsorganismen ergänzend wirken zu den STICKLschen Affinitäts- und Verteilungsstudien. Die Ausscheidungsrate betrug bei beiden Versuchstieren, dem nach 24 Stunden und dem nach 72 Stunden p. appl. geschlachteten, etwa 20%. Davon lagen etwa 30% in anorganischer SO_4-Form vor, die übrigen 70% kamen unmineralisiert in organischer Form zur Ausscheidung. Immerhin wurde also etwa ein Drittel des im

TABELLE 5a

Verteilungsmuster und Ausscheidungsraten des Radio-Tromalyt nach peroraler Verabreichung an 10 Wochen alte Junghähne

Organ, Gewebe	Aktivität (5 Min.) der Organprobe pp 5 m	korrigiert für o-Effekt pp 5 m	totale Organ-Aktivität pp 5 m	korrigiert für Selbstabsorption pp 5 m	korrigiert für Zerfall ln 2/T 1/2 pp 5 m	Organaktivität in % der Gesamtaktivität (Organs plus Fäzes) %	Organaktivität in % der Gesamtaktivität im Körper (Organe und Gewebe ohne Fäzes) %
1	2	3	4	5	6	7	8
Versuchstier Nr. 1, geschlachtet 24 Stunden nach peroraler Applikation des Tromalyts							
Blut	361	16	35	56	58	1,16	1,44
Federn	352	7	27	135	139	2,80	3,45
Skelett	392	47	533	373	383	7,70	9,49
Fleisch (Muskeln)	428	83	1779	1450	1 489	30,00	36,89
Haut und Fett	449	104	576	665	683	13,75	16,92
Leber und Galle	347	2	2	2	2	0,04	0,05
Niere	433	88	88	66	68	1,36	1,68
Lunge	427	82	82	28	29	0,99	1,21
Herz	446	101	101	61	63	1,26	1,56
Milz und Pancreas	406	61	61	37	38	0,76	0,94
Magen	428	83	150	89	91	1,83	2,26
Därme	446	101	649	824	846	17,04	20,96
Testes	444	99	99	58	60	1,21	1,49
Gehirn	456	111	111	65	67	1,35	1,66
Fäzes (anorganischer S)	460	115	241	316	(325)	(6,55) = 34,93 % des Gesamtschwefels	
Fäzes (Gesamtschwefel)	452	107	224	907	931	18,75	
Summe					4 967	100,00	100,00

TABELLE 5b

Organ, Gewebe	2	3	4	5	6	7	8
Versuchstier Nr. 2, geschlachtet 72 Stunden nach peroraler Applikation des Tromalyts							
Blut	453	65	146	111	119	0,5	0,63
Federn	444	56	352	1549	1 657	6,95	8,78
Skelett	446	58	502	979	1 047	4,39	5,55
Fleisch (Muskeln)	722	334	7 513	12 321	13 183	55,29	69,86
Haut und Fett	477	89	464	360	385	1,61	2,04
Leber und Galle	559	171	171	504	539	2,26	2,86
Niere	510	122	122	163	174	0,73	0,92
Lunge	465	77	77	101	108	0,45	0,57
Herz	505	116	116	139	149	0,62	0,79
Milz und Pancreas	496	108	108	68	73	0,31	0,39
Magen	491	103	205	625	669	2,81	3,55
Därme	495	107	284	514	550	2,31	2,91
Testes	511	123	123	76	81	0,34	0,43
Gehirn	514	126	126	128	137	0,57	0,72
Fäzes (anorganischer S)	554	166	851	1 319	(1 411)	(5,93) = 28,44 % des Gesamtschwefels	
Fäzes (Gesamtschwefel)	609	221	1133	4 645	4 970	20,85	
Summe					23 841	100,00	100,00

Kot und Urin ausgeschiedenen aktiven Prinzips einer regelrechten Verdauung und oxydativen Ausnutzung unterzogen.

Die in den Ausscheidungen und Geweben des 24 Stunden p. appl. geschlachteten Tieres gefundene Gesamtaktivität betrug nur wenig mehr als $^1/_5$ der Gesamtaktivität, die in Exkrementen und Geweben des zweiten, 72 Stunden p. appl. geschlachteten Tieres gemessen wurde. Ein erheblicher Teil der aktiven Verbindung befand sich demnach 24 Stunden p. appl. noch unresorbiert im Magen- und Darminhalt, wurde also bei der Präparierung der Organe ausgewaschen und verworfen. Dies geht außerdem aus der relativ hohen Aktivität im Darmgewebe des ersten Tieres hervor, die bis zur zweiten Schlachtung, 48 Stunden später, erheblich absank, speziell zugunsten einer Einwanderung in die Muskulatur.

Die verhältnismäßig gleichförmige Verteilung des resorbierten Tromalytanteils in Organen, Muskulatur, Skelett, Haut und Federn stimmt aufs beste überein mit unseren Beobachtungen einer allgemeinen Krankheitsresistenz-Erhöhung der mit Tromalyt-supplementierter Diät gefütterten Tiere.

2. Versuche zur Behandlung von — und Immunisierung gegen — Geflügel-Viruskrankheiten

Bis heute gibt es kaum irgendwelche Arzneimittel, Chemotherapeutika oder Antibiotika mit spezifischem Effekt gegen Viren. Unsere im nachfolgenden beschriebenen Studien über die Verhinderung und Behandlung von Geflügel-Viruskrankheiten mittels Papain und antibiotischer Präparate aus Blütenpflanzen, stützen sich im wesentlichen auf die wohlbegründete Annahme, daß die Viren selbst dem Wirtsgewebe keine letalen Schäden zufügen, sondern es lediglich schwächen und prädisponieren für die zerstörende und degenerierende Wirkung der in ihrem Gefolge auftretenden bakteriellen „sekundären Invader".

Die in ihren antimikrobiellen Eigenschaften gesicherten Pflanzenantibiotika, die im Unterschied zu den klassischen, heute industriell erzeugten Antibiotika kaum eine Immunitätsentwicklung der Erreger bewirken, werden also im wesentlichen verwandt zur Eliminierung der sekundären Invader, während die regenerativen und restaurativen Kräfte des Wirtskörpers die durch die Viren selbst verursachten Schädigungen auszuheilen hatten.

Es war zunächst eine generelle Beobachtung in Fütterungsversuchen, die angesetzt waren zum Studium der wachstumsbeschleunigenden Wirkung von proteolytischen Fermenten und Pflanzenantibiotika auf Geflügel, daß Küken und Hühner, deren Futter mit Papain oder Pflanzenantibiotika, wie dem Saft von Cassia alata, sowie dem Ölextrakt von *Tropaeolum maius*, oder *Cochlearia armoracia* supplementiert war, kaum Hühnerpocken (Fowl pox) Symptome durch natürliche Infektion entwickelten im Vergleich mit den Tiergruppen, die diese Supplemente nicht erhielten.

Andererseits erzielten wir in einem Tastversuch mit drei schweren, natürlichen Fällen von Hühnerpest-(Newcastle Disease)-Infektion eine absolute Heilung und Gesundung infolge zweier intramuskulärer Injektionen von 1 cc sterilem Meerrettich-(*Cochlearia armoracia*)-Antibiotikum in Erdnußöl.

Die folgenden Versuche sollten der Verifizierung unserer zunächst nur sporadischen Beobachtungen dienen:

Versuchstiere und Materialien

Drei verschiedene Experimente wurden durchgeführt mit jeweils 6 Gruppen von 10—12 Tierindividuen. Eine der 6 Gruppen diente jeweils als Kontrolle, die andern erhielten folgende Futtersupplemente:

1. Papain (20 mg täglich) (im dritten Versuch wurde anstatt des Enzyms Papain-Preßsaft aus den vorher mazerierten, antibiotisch aktiven Samen der Papaya-Frucht verwandt — in 1 cc-Beträgen pro Tier und Tag —).
2. Preßsaft aus *Echinacea purpurea* (nicht antibiotisch) $^1/_2$ cc pro Tier und Tag.
3. Preßsaft aus den Blättern von *Cassia alata* (antifungal) 1 cc pro Tier und Tag.
4. Preßsaft aus *Tropaeolum maius*-Blättern (Kapuzinerkresse) (Breitspektrum-Antibiotikum) $^1/_2$ cc pro Tier und Tag.
5. Preßsaft aus *Cochlearia armoracia* (Meerrettich) (antibakteriell) $^1/_2$ cc pro Tier und Tag.

1. Versuch:

In einem ersten Versuch wurden 6 Gruppen mit je 10 Tieren im Alter von zwei Wochen mit Hühnerpocken infiziert durch 4maliges Picken mit einer Inokulationsnadel in das Gewebe der Flügel-Achselhöhle. Das Hühnerpocken-Virusmaterial war von Markt Standard-Qualität für Hühnerpocken-Vakzinen.

1. Kontrollgruppe	8	Tiere	zeigten	4	plus	Hühnerpocken-Symptome
	2	,,	,,	2	,,	,, ,,
2. Papain-Gruppe	8	,,	,,	4	,,	,, ,,
	1	,,	,,	2	,,	,, ,,
3. Echinacin-Gruppe	8	,,	,,	4	,,	,, ,,
	1	,,	,,	3	,,	,, ,,
4. *Cassia*-Gruppe	7	,,	,,	4	,,	,, ,,
	1	,,	,,	2	,,	,, ,,
5. *Tropaeolum maius*-Gruppe	5	,,	,,	4	,,	,, ,,
	3	,,	,,	3	,,	,, ,,
6. Meerrettich-Gruppe	5	,,	,,	4	,,	,, ,,

2. Versuch:

In einem zweiten Versuch mit derselben Anzahl 14 Tage alter Küken in 5 Gruppen wurde infiziert durch mehrfachen Einstich in den Kamm. Diesmal wurde eine weichere Virus-Suspension in 1:500facher Verdünnung benutzt.

1. Kontrollgruppe	8	Tiere	zeigten	4	plus	Hühnerpocken-Symptome
	2	,,	,,	3	,,	,, ,,
	1	,,	,,	2	,,	,, ,,

2. Papain-Gruppe	8	Tiere	zeigten	4	plus	Hühnerpocken-	Symptome
	1	„	„	2	„	„	„
	1	„	„	1	„	„	„
3. Cassia-Gruppe	9	„	„	4	„	„	„
	1	„	„	3	„	„	„
	2	„	„	2	„	„	„
4. *Tropaeolum maius*-Gruppe	1	„	„	4	„	„	„
	2	„	„	2	„	„	„
5. Meerrettich-Gruppe	11	„	„	4	„	„	„
	1	„	„	2	„	„	„

3. Versuch:

Die Tiere des dritten Versuchs, ebenfalls im Alter von 2 Wochen, wurden infiziert durch intravenöse Injektion des Hühnerpocken-Virus. Als Inokulant wurde eine 1:1000 verdünnte Emulsion aus Pocken infizierter Chorio-Allantois-Membran von Hühner-Embryos benutzt. Einen Tag, zwei Tage, drei Tage, vier Tage, fünf Tage und sechs Tage danach wurden die Kämme der Versuchstiere mit vorher sterilisierten Nadeln mehrfach gepickt, um die natürliche Infektion durch Moskitos als Virus-Vektoren zu imitieren. Aus den winzigen Stichwunden entwickelten sich nun die Pockensymptome in folgender Stärke:

1. Kontrollgruppe	4	Tiere	zeigten	4	plus	Hühnerpocken-	Symptome
	1	„	„	3	„	„	„
	3	„	„	1	„	„	„
	3	„	„	0	„	„	„
2. Echinacin-Gruppe	2	„	„	4	„	„	„
	1	„	„	2	„	„	„
	3	„	„	1	„	„	„
	3	„	„	0	„	„	„
3. *Tropaeolum maius*-Gruppe	1	„	„	unbestimmt			
	8	„	„	0	„	„	„
4. Meerrettich-Gruppe	1	„	„	4	„	„	„
	1	„	„	1	„	„	„
	2	„	„	unbestimmt			
	3	„	„	0	„	„	„
5. Papaya-(Samen-Preßsaft-) Gruppe	1	„	„	1	„	„	„
	5	„	„	0	„	„	„

4. Versuch:

Nachdem die Versuchstiere aus den Experimenten 1—3 herangewachsen waren bis zum Alter von 3 Monaten, wurden die weiblichen Küken abgesondert zur Produktion. Die Hähnchen wurden statistisch verteilt und aufs Geratewohl zu drei neuen Gruppen zusammengestellt. Eine Gruppe von 10 Individuen war die Kontrolle. Eine andere Gruppe von 26 Tieren wurde zur Meerrettich-Gruppe bestimmt, und 9 Hähnchen bildeten die *Tropaeolum maius*-Gruppe.

Alle Tiere sämtlicher Gruppen wurden in gleicher Weise infiziert mit einer letalen Dosis von Hühnerpest-(Newcastle-)Virus, gewonnen aus infizierten Hühnerembryonen. Die Höhe der letalen Dosis wurde vorher in einem Tastversuch mit 6 Hähnchen gleicher Alters und gleicher Vorbehandlung sichergestellt.

Sobald definitive Symptome der Krankheit auftraten, bekamen die Tiere der Meerrettich-Gruppe eine intramuskuläre Injektion mit sterilem Meerrettich-Antibiotikum, aufgelöst in Erdnußöl. Die Injektion war bemessen mit 1—2 cc in Abhängigkeit von der Schwere der Symptome und wurde in 1—2tägigen Unterbrechungen wiederholt, bis die Symptome verschwanden und die Körpertemperatur wieder auf normalem Niveau angelangt war, oder aber das Versuchstier starb.

Die *Tropaeolum maius*-Gruppe wurde in gleicher Weise behandelt, mit derselben Dosis und Wiederholungsfrequenz.

(Das Erdnußöl-Konzentrat von Meerrettich-Antibiotikum, sowie das Spermöl-Konzentrat von *Tropeaolum maius*-Antibiotikum waren Standard-Präparate, die von der Firma Dr. Madaus & Co., Köln, freundlicherweise zur Verfügung gestellt wurden.)

a) In der unbehandelten Kontrollgruppe entwickelten 8 Tiere starke Symptome und starben 4—7 Tage nach deren erstem Erscheinem. Zwei Tiere entwickelten die chronische Form der Newcastle-Krankheit und vermochten zu überleben.

b) Von den 26 Tieren der Meerrettich-Gruppe wurden 14 Individuen wiederum völlig gesund, während 12 weitere starben.

c) In der *Tropaeolum*-Gruppe überlebten und gesundeten 7 Tiere, während die restlichen 2 starben.

Ergebnisse und Schlußfolgerungen aus den Versuchen 1—4

1. Es wurde beobachtet, daß solche Küken, die mit Pflanzenantibiotika gefüttert wurden, bis zum Alter von 2 Wochen keine Symptome natürlicher Hühnerpocken-(Fowl pox-)Infektion entwickelten.

2. Die Resistenz dieser Küken wurde zunächst geprüft durch künstliche Infektion mit einer starken Dosis Pocken-Virus (standardwing web fowl pox vaccine). Die sich entwickelnden Symptome zeigten, daß die durch Papain und antibiotische Supplemente von ½—1 cc pro Tier und Tag aufgebaute Resistenz ungenügend ist als Protektion gegen schwere Infekte (1. Versuch).

3. Die Resistenz der mit Pflanzenantibiotikum gefütterten Küken gegen Hühnerpocken (Fowl Pox) wurde einer zweiten Belastungsprobe unterzogen mit einer geringeren Virus-Konzentration (1:500 Emulsion aus Pocken-infizierter Chorio-Allantois-Membran von Embryonen). Die entwickelten Symptome bestätigten erneut — vielleicht mit Ausnahme der Tromalyt supplementierten Gruppe —, daß eine Verfütterung von Pflanzenantibiotika in Höhe von ½—1 cc pro Tier und Tag auch mittelstarke Infektionen nicht zu eliminieren vermag (2. Versuch).

4. Bei Anwendung einer Infektionsmethode, die den natürlichen Vorgang der Pockeninfektion durch Moskitos zu imitieren trachtet, erwiesen sich einige Gruppen als fähig, der Infektion erfolgreich zu begegnen, speziell die Versuchstiere der Tromalyt- und Papaya-Gruppe. Die Echinacin- und Meerrettich-Gruppe zeigen bestenfalls eine schwache Resistenz. Das in diesem Versuch verwandte Supplement unter dem Namen Papaya ist nicht das Ferment Papain, sondern eine homogenisierte Suspension aus den Samen der Papaya-Frucht, welche einen starken antibakteriellen Effekt besitzt gegen verschiedene Teststämme wie *Staphylococcus aureus*, *Escherichia coli* und *Bacillus subtilis*. (Noch unveröffentlichte Untersuchungen des Verfassers.) (3. Versuch.)

5. Insgesamt 35 Hähnchen im Alter von 3 Monaten wurden mit einer letalen Dosis von Hühnerpest-(Newcastle-)Virus infiziert und nach Entwicklung der Krankheitssymptome intramuskulär mit Meerrettich-Antibiotikum in Erdnußöl und *Tropaeolum maius*-Antibiotikum in Spermöl behandelt. Von den 26 mit Meerrettich injizierten Tieren starben 12, während 14 gesundeten. Das entspricht einer Mortalitätsrate von 48%, der 80% Mortalität in der Kontrollgruppe gegenübersteht. Von den 9 *Tropaeolum maius* injizierten Tieren starben nur 2, während 7 überlebten und gesundeten. Dies entspricht einer Mortalität von nur 22% (4. Versuch).

Die hier beschriebenen Versuche über die therapeutische Wirksamkeit von Meerrettich- und *Tropaeolum maius*-Antibiotikum gegen Hühnerpest (Newcastle disease) deuten auf einen gewissen Effekt des Meerrettichöl-Extraktes. Eine starke Indikation scheint jedoch gegeben, daß *Tropaeolum maius*-Antibiotikum intramuskulär von wirklicher Hilfe im Kampf gegen diese verheerende Geflügelseuche sein kann. Weitere Versuche in gleicher Richtung mit künstlich infizierten Individuen, sowie mit natürlichen Fällen sollten den wirklichen Wert und die Grenzen der *Cochlearia*- und *Tropaeolum*-Therapie gegen Hühnerpest schnellstens klarlegen.

Modifizierung von Hühnerpocken-Virus durch Papain

In den Philippinen, wo diese Versuche durchgeführt wurden, sind die Verluste durch Hühnerpocken (Fowl pox) sehr hoch, da die Erreger das Küken vielfach bereits während der ersten Tage des extrauterinen Lebens angreifen und infizieren. In diesem Stadium kann eine Immunisierung mit dem gegenwärtig vorhandenen Vakzinetyp noch nicht vorgenommen werden, da die Küken schwere Symptome entwickeln und sterben. Die überlebenden Individuen sind stark geschwächt, im Wachstum behindert und werden unrentabel. Die dringende Notwendigkeit für einen milder wirkenden Vakzinetyp, der für Eintagsküken verwandt werden kann, zur Immunisierung der ersten besonders labilen Lebensperiode, ließ uns Versuche unternehmen zur Modifikation, oder Minderung der Virulenz der Hühnerpocken-Viren durch Behandlung mit Papain.

Verfahren

Es wurde eine 5%ige Emulsion von 9 Tage alter Pocken-infizierter Hühner-Embryo-Chorio-Allantois-Membran hergestellt in Phosphat-Pufferlösung von p_H 7,0. Nach Zugabe eines gleichen Volumens 1%iger wäßriger Papainlösung wurde das gemeinsame Volumen zentrifugiert zur Sedimentierung der gröberen Partikel. Die überstehende Flüssigkeit ließ sich nun völlig klären mittels Filtration durch ein zweischichtiges steriles Blauband-Papierfilter.

Die klare Lösung wurde nun zur Verstärkung der digestiven Wirkung des Papains auf das Virusprotein für 3 Stunden in einen Brutschrank von 37,5 °C gestellt.

Es wurde eine zweite, 5%ige Papainlösung in 50% Glycerin bereitet und in gleicher Weise bebrütet.

Nach der dreistündigen Papainbehandlung pflanzten wir Virus von beiden Lösungen auf die Chorio-Allantois-Membran 9 Tage alter Hühnerembryonen. Nach Reisolation des Pockenvirus 2—3 Tage später aus der Chorio-Allantois-Membran wurde ein Test angesetzt zur Reinfektion von Eintagsküken, um herauszufinden, ob durch die Vorbehandlung mit Papain eine Modifizierung im Sinne geringerer Virulenz bei gleichbleibender Immunisierungsfähigkeit erzielt worden war.

Ergebnis

Die mit Papain vorbehandelten Pockenviren zeigten keine Verminderung ihrer Virulenz gegen Eintagsküken. Diese entwickelten die Pockensymptome genau so prompt und schwer wie die Kontrolltiere, die mit unbehandeltem Virus gleicher Stärke infiziert wurden.

Es war dasselbe Bild in allen Verdünnungsstufen, in denen der Versuch durchgeführt wurde (1:50, 1:100, 1:500 und 1:1000 Chorio-Allantois-Suspension: Pufferlösung).

Es kann gefolgert werden, daß Pockenvirus durch 3stündige Behandlung mit 1%iger und 5%iger Papainlösung im Brutschrank weder an Lebensfähigkeit noch an Virulenz verliert, wie sich in Reisolations- und Reinfektionsversuchen an Eintagsküken mit verschiedensten Konzentrationen des Inokulums klar herausstellte.

III. Zusammenfassung

1. Es wurden Organaffinitätsstudien mit S^{35}-markiertem Papain- und Tromalytöl durchgeführt zur weiteren Aufklärung des Verhaltens dieser beiden Futtersupplemente im Stoffwechsel des Huhns. Beide haben ein charakteristisches und typisches Resorptions- und Verteilungsschema (Tab. 1 a, b, c, 2, 5 a, b), das keinerlei Identität mit dem Aufnahme- und Verteilungsmuster etwa von radioaktivem SO_4-Schwefel, oder S^{35}-indiziertem Methionin zeigt.

2. Mit Rücksicht auf die hohe Organaffinität des Radiopapains zum Skelett wurden Blutuntersuchungen durchgeführt zur Prüfung einer eventuellen Beeinflussung der Hämatopoese durch das Papain. Sie zeigten eine geringfügige Abnahme der Erythrozytenzahl und eine Oppression des leukopoetischen Apparates infolge der peroralen Verabreichung von Papain im Verhältnis von 0,01% und mehr zum Körpergewicht des Versuchstieres.

3. Papaintests nach der Gelatine- und Milchgerinnungs-Methode im Preßsaft der homogenisierten Organe und Gewebe vorher mit 100 mg und 500 mg Papain

ernährter Tiere zeigten eine starke Einwanderung des Ferments in aktiver Form in die verschiedenen Organe und Gewebe des Versuchstiers. Dies erschließt vielleicht eine neue Möglichkeit zur Zartmachung zähen Fleisches älterer Tiere durch wiederholte Verfütterung von Papain kurz vor der Schlachtung.

4. Die relativ gleichmäßige Verteilung des Radiotromalyts im Tierkörper, speziell auch in der Haut, den subkutanen Muskelpartizen, dem Respirations- und Verdauungssystem, steht wahrscheinlich in kausalem Zusammenhang mit der immer wieder beobachteten generellen Krankheitsresistenz-Erhöhung der mit Tromalyt gefütterten Tiere.

5. Es zeigt sich, daß perorale Verabreichung von Tromalyt-, Meerrettich-, *Cassia alata*-Antibiotika, sowie Papain nicht ausreicht zum Aufbau einer weitgehenden Immunität gegen künstliche Infektion mit Hühnerpocken-(Fowl pox-) Virus verschiedener erprobter Konzentrationen.

6. In einem weiteren Experiment, in dem versucht wurde, die natürliche Infektion mit Hühnerpocken-Virus durch Moskitos als Überträger zu imitieren, zeigten die mit Tromalyt- und Papaya-Samen-Antibiotikum gefütterten Tiere fast völlige Resistenz.

7. Künstlich mit einer letalen Dosis von Hühnerpest-(Newcastle-)Virus infizierte Versuchstiere konnten zu 52%, bzw. 78% geheilt werden durch wiederholte intramuskuläre Injektion mit sterilem Meerrettich-, bzw. *Tropaeolum maius*-Ölextrakt.

8. Versuche zur Modifizierung und Schwächung von Hühnerpocken-(Fowlpox) Virus durch Behandlung mit Papain verliefen negativ.

Der proteolytische Effekt des Papains war ohne Wirkung auf die Virulenz des Erregers, wie sich in Reisolations- und Reinfektionstests im Vergleich mit unvorbehandeltem Virus deutlich zeigte.

Резюме

1. Проводилось изучение органного сродства (Organaffinität) папаиновым и тромалитовым маслом, мечеными S^{35}, с целью выявления поведения этих двух добавок к корму в обмене веществ курицы. Оба они имеют характерную и типичную схему резорбции и распределения (таб 1a, в, с, 2, 5a, в), которая ни в чем не идентична со схемой резорбции и распределения, скажем, радиоактивной SO_4-серы, или метионина, индицированного S^{35}.

2. Принимая во внимание большое органное сродство радиопапаина и скелета, были проведены исследования крови для проверки возможного влияния папаина на гематопоэз. Они показали незначительное уменьшение числа эритроцитов и угнетение (Oppression) лейкопоэтического аппарата вследствие перорального введения папаина в отношении 0,01% и больше к весу тела подопытного животного.

3. Папаиновые тесты по желатиновому методу и по методу сгущения молока в выдавленном соке гомогенизированных органов и тканей животных, кормленных до того 100 мг и 500 мг папаина, показали сильное внедрение фермента в активной форме в различные органы и ткани подопытного животного. Это может быть откроет новую возможность прида-

вать свойство нежности жесткому мясу старых животных путем повторного скармливания папаина незадолго до убоя.

4. Относительно равномерное распределение радиотромалита в теле животного, особенно в коже, в подкожных мышцах, в дыхательной и пищеварительной системах вероятно находится в причинной связи с часто наблюдаемым общим повышением устойчивости против болезней животных, получивших в корме тромалит.

5. Оказывается, что пероральное введение антибиотиков тромалита, хрена, *Cassia alata*, а также папаина недостаточно для образования прочного иммунитета против искусственной инфекции вирусом оспы кур (Fowl pox) различных испытанных концентраций.

6. В дальнейшем эксперименте, в котором пытались имитировать естественную инфекцию вирусом оспы кур, используя москиты в качестве переносчиков, животные получившие вместе с кормом антибиотики семян тромалита и папая (Papaya) оказались почти полностью устойчивыми.

7. Путем повторного внутримышечного введения стерильного экстракта хрена или масла *Tropaeolum maius*, удалось вылечить 52% и 78% подопытных животных искусственно инфицированных летальной дозой вируса чумы кур (Newcastle).

8. Опыты модификации и ослабления вируса оспы кур (Fowl pox) обработкой папаином дали отрицательный результат.

Протеолитический эффект папаина не оказал действия на вирулентность возбудителя, как это ясно выявилось при реизоляционном и реинфекционном тестах по сравнению с необработанным предварительно вирусом.

Summary

1. Studies about the organ affinity of S^{35}-labelled Papain Tromalyt were conducted to reveal the metabolic fate of these two promizing growth promoting compounds in the body of chicks. They both display a typical and individual uptake- and distribution scheme (table 1a, b, c, 2, 5a, b) without close resemblance to the uptake- and distribution-mechanism of radioactive SO_4-S, or S^{35} labelled methionine.

2. Due to the high rate of radiopapain translocated into the skeleton, blood tests were undertaken regarding a possible influence of papain on the hematopoiese of the animal. They revealed a slight reduction of the erythrocytes and a dramatic suppression of the leucopoitic apparatus due to papain applications of 0.01% and more of the living weight of the test animal.

3. Enzyme tests — employing the gelatine- and milk clotting-method — in the tissues of slaughtered animals previously treated with 100 mg and 500 mg papain, show that a markable part of the enzyme is still active after uptake in the tissues. This makes a treatment of older animals with papain before slaughtering feasible with respect to a possible in vivo meat tenderization.

4. The relatively uniform distribution of the radiotromalyt in the animal body, especially also in skin, subcutaneous muscle layers, respiration- and digestion-system, may account for the observed general improvement of disease resistency in case of chicks fed with Tromalyt-supplemented diets.

5. Peroral applications of Tromalyt, Horse raddish, Cassia alata, and Papain were found unable to render imunity to two wecks old chicks against artificially inducted infection with fowl pox virus of various concentrations.

6. In one trial, simulating the natural infection with fowl pox virus by, for example, a mosquito vector, chicks fed with Tromalyt and an antibiotic substrate out of mashed papaya seeds, were able to ward off the infection.

7. Artificially produced Avion Pest (Newcastle) Disease could be cured with a 52%, respectively 78% efficiency by intramuscular injection of sterile horse raddish-, and *Tropaeolum maius*-oil extracts.

8. Attempts made to use papain as modifying and weakening agent for diminution of the virulence of fowel pox virus gave a negative result. The proteolytic action of papain was without effect on the virulence, as observed in reisolation- and reinfection-tests with 1 day old chicks. —

Literaturverzeichnis

[1] ARNOLD, A., I. R. SCHMITZ and H. BLUMBERG: Demonstration of the in vivo activity of papain. Ann. N.Y. Acad. Sci. 54, 273—276 (1951).

[2] BALLS, A. M. and S. R. HOOVER: J. Biol. Chem. 121, 737—745 (1937).

[3] BALLS, A. K., H. LINEWEAVER and R. R. THOMPSON: Science 86, 379 (1937).

[4] BALLS, A. K. and H. LINEWEAVER: J. Biol. Chem. 130, 669—686 (1939).

[5] BOEGER, O., W. WESTERHOFF und A. G. WINTER: Untersuchungen über Antibiotika aus höheren Pflanzen. XVI. Mitteilung. Schweinemastversuche mit den antimikrobischen Wirkstoffen der Kapuzinerkresse. Die Naturwissenschaften (1955).

[6] CARRAZ, M.: Attempt at homogenizing Tubercolous Sputum with papain. Annee Biol. 52, 202 (1948), Thesis University Lyons (1947).

[7] DREYFUSS, F.: Use of papain in cultivation of bacteria from the blood. Amer. J. Clin. Path. 17, 165—371 (1947).

[8] GERMER, W. D.: Ein neues Präparat für die antibiotische Therapie auf pflanzlicher Grundlage. Deutsche Med. Wschr. 79, 1445—1448 (1954).

[9] HAAS, R.: Biochem. Z. 305, 280 (1940).

[10] HALBEISEN, TH.: Über die unspezifische Reizkörperwirkung der Kapuzinerkresse. Therapiewoche 5,5/6, 130 (1954).

[11] HAVERMANN, H. und H. W. SCHARPENSEEL: Untersuchungen über Verteilung und Ausscheidung des d,l-Methionins im Stoffwechsel des vollwertig und nicht vollwertig ernährten Schweins und Legehuhns. Archiv f. Tierernährung 3, 5, 259—280 (1953).

[12] HINKEL, E. T. and A. ARNOLD: Effect of the activity state of the enzymes on the in vivo activity of papain. Ann. N.Y. Acad. Sci. 277—281 (1951).

[13] KALMANSON, G. M. and J. BROFENBRENNER: Restoration of the activity of neutralized biological agents by removal of the antibody with papain. J. Immunol. 47, 387—407 (1943).

[14] KLESSE, P. und P. LUKASCHEK: Untersuchungen über die bakteriostatische Wirksamkeit einiger Senföle. Arzneimittelforschung 5, 505 (1955).

[15] RAM MOHAN, R. and M. SCREENIVAJAYA: (Indian Inst. Sci. Bangalore) Presence of a growth factor in the acid hydrolysate of papain preparations. J. Sci. Ind. Research (India) 9 B, No 2, 53—54 (1950), cf. C. A. 44, 5539c.

[16] RIGAUD, F., R. RABIN und J. BRISON: A new aspect of the properties of papain: Bacteriostasis. J. med. Bordeaux 127, 42—43 (1950).

[17] SCHARPENSEEL, H. W.: Über betriebseigene Futtersupplemente und ihre Bedeutung bezüglich Wachstumsbeschleunigung und Ersparnis tierischen Eiweißes in der Hühnerhaltung. 1. Mitteilung, Landwirtschaftliche Forschung 8, 3 (1956).

[18] SCHARPENSEEL, H. W.: Dto. 2. Mitteilung, Landw. Forschung 9, 2 (1956).

[19] SCHARPENSEEL, H. W. und F. C. ANASTACIO: Farm raised poultry feed supplements. Araneta Journal of Agriculture II, 4, p. 16 (1955).

[20] SCHARPENSEEL, H. W.: Über einige neue Probiotika und Antibiotika in der Geflügelernährung. Archiv f. Geflügelkunde XIX, 9/10, 380 (1955).

[21] SCHARPENSEEL, H. W.: Anorganischer (SO_4)-Schwefel im Stoffwechsel des Legehuhns. Landwirtsch. Forschg. (1955).

[22] SCHARPENSEEL, H. W.: Investigations about the response to the d,l-methionine in the metabolism of adequately and inadequately fed pigs, hens chickens. Araneta Journal of Agriculture, Manila I, 3, p. 35 (1954).

[23] STICKL, H.: Über eine antibiotisch wirksame Pflanzensubstanz. Dtsch. med. Wochenschrift 79, 46, 1722—1725 (1954).

[24] STICKL, H.: Experimentelle und klinische Erfahrungen mit einem neuen pflanzlichen, antibiotisch wirksamen Mittel. Therapiewoche 5, 5/6, 128 (1954).

[25] TOVARNITZKII, V. J.: Virus protein complexes. I. Influenza Virus Papainate. Biokhimiya 10, 104—116 (1945).

[26] WINTER, A. G.: Die Bedeutung antibiotischer Stoffe aus Blütenpflanzen für Therapie und Diät (unter besonderer Berücksichtigung von Kapuzinerkresse, Gartenkresse und Meerrettich). Medizinische 2, 73—80 (1955).

[27] WINTER, A. G. und L. WILLEKE: Gasförmige Hemmstoffe aus *Tropaeolum maius* und ihr Verhalten im menschlichen Körper bei Aufnahme von *Tropaeolum*-Salat per os. Naturwissensch. 39, 10, 236—237 (1952).

[28] WYZAN, H. S., J. R. SHEPHERD and A. ARNOLD: The in vivo proteolytic activity of papain as demonstrated by Nitrogen balance studies in dogs. Ann. N. Y. Acad. Sci. 54, 282—296 (1951).

[29] ZAIMANZON, F. S.: Action of protease on nuclear inclusions in Silkworm Jaundice Infections. Mikrobiologiya, 18, 361—165 (1949).

Verfasser: Dr. H. W. SCHARPENSEEL, Hattingen/Ruhr, Rauendahl 46

Experimentelle Untersuchungen über Wirkstoffe aus höheren einheimischen Blütenpflanzen, sowie ihre Nutzanwendung als wachstumsfördernde Faktoren in der Fütterung des Junggeflügels

Von Hans-Joachim Brosell

Aus der Abteilung für Geflügelkrankheiten und Forschungsabteilung für Geflügelkrankheiten Damsdorf der Humboldt-Universität Berlin (Leiter: Dr. EDZARD GERRIETS)

I. Einleitung

Seit dem Jahre 1940, lange nach der Entdeckung des Penicillins durch FLEMING (1929), hat die Antibioticaforschung in ihrer prophylaktischen und therapeutischen Nutzanwendung in der Medizin, der Veterinärmedizin und nicht zuletzt in der Tierernährung beachtliche Ergebnisse gezeitigt.

Ohne Zweifel stehen bisher niedere Pilze, Aktinomyceten und sporenbildende Bakterien als Produzenten antibiotischer Substanzen an der Spitze. Daß auch in Algen, höheren Pilzen, Flechten, höheren Pflanzen und sogar im Tierreich hochaktive bakterienhemmende Stoffe vorkommen, ist weniger bekannt. Im WALTER-HEILMEYER [48], dem bekannten Nachschlagewerk über die Anwendung der Antibiotica in der Medizin, fehlen hierüber noch jegliche Angaben. Da die Antibiotica im üblichen Sinne Stoffwechselprodukte von Mikroorganismen darstellen und sich in neuester Zeit mehr und mehr Grenzen der Antibiotica-Therapie in Form von Resistenz gewisser Krankheitserreger, toxischen und allergischen Nebenerscheinungen, Schädigungen der endogenen Bakterienflora usw. herausstellen, sind, wie die neuesten Forschungen bestätigen, die höheren Pflanzen als Produzenten bakterienhemmender Substanzen von ganz besonderem Interesse.

Schon lange, bevor man über Wirkungsweise und Arten von Hemmstoffen wußte, therapierte man im Mittelalter erfolgreich gegen bestimmte Infektionskrankheiten mit höheren Pflanzen in allen möglichen Applikationsarten. Es lag also die Vermutung nahe, daß auch höhere Pflanzen Träger antibiotischer Prinzipien sind.

Nach einer Reihe von Arbeiten, die wegen ihrer methodischen Unzulänglichkeiten hier nicht näher beschrieben werden sollen und von WINTER [56] angeführt werden, griffen OSBORN [30], FREERKSEN und BOENICKE [11] und WINTER [51]—[66] das Problem der Bakterienhemmstoffe in höheren Pflanzen auf und untersuchten nicht weniger als 4133 Spezies auf ihren bakteriostatischen Effekt. Davon waren 1066 antibiotisch wirksam.

Richtungweisend auf diesem Gebiet sind die von WINTER und M. seit 1951 erscheinenden Arbeiten. Das von ihnen in Preßsäften von *Clematis vitalba* und *Annemone pulsatilla* aufgefundene Antibioticum hemmt zwar *Esch. coli*, *Staph. aur.* und *Bact. subt.*, kommt aber wegen seiner universellen Giftigkeit für eine medizinische Anwendung nicht in Frage.

Aus der Vielzahl der antibiotisch wirksamen Pflanzen stellen sich immer mehr die mit senfölhaltigen Komponenten, wie die Gattung *Allium*, *Lepidium sativum*, *Cochlearia armoracia*, besonders aber *Tropaeolum maius*, in den Vordergrund.

WINTER u. M. [51]—[66] geben in einer Reihe von Arbeiten Auskunft über bakterienhemmende Wirkungen bei *Tropaeolum maius*, *Lepidium sativum*, *Cochlearia armoracia*, *Apium graveolens*, *Allium porrum* und *Petroselinum sativum*. Durch exakte Testmethoden konnten WINTER u. M. in diesen höheren Pflanzen hochaktive flüchtige Antibiotica nachweisen, die in vitro zahlreiche grampositive und gramnegative Bakterien, darunter besonders auch pathogene Formen bakteriostatisch beeinflussen. Kombinationen von üblichen Antibiotica mit Wirkstoffen aus höheren Pflanzen in vitro untersuchte HALBEISEN [19].

Zur Erreichung von maximalen Leistungen, besonders aber zur Aufzucht des Geflügels, bedarf es der Zufütterung hochwertiger tierischer Eiweißstoffe. Es liegt nun nahe zu untersuchen, ob und inwieweit man diese verhältnismäßig teuren tierischen Eiweiße durch billigere Austauschstoffe ersetzen kann, ohne daß ein Rückgang in Wachstum und Leistung eintritt.

Einen wesentlichen Fortschritt auf diesem Gebiet bedeutet die Darstellung besonderer Wuchs- und Wirkstoffe in bestimmten tierischen Eiweißfuttermitteln, wie Fischpreßwässern (LENKEIT u. M.) [28] und Leberextrakten (RICKES u. M. [31] und SMITH u. M. [38]). Diese Substanzen werden in der angelsächsischen Literatur als Animal Protein Faktor (APF) zusammengefaßt, deren wesentlichste Faktoren die Glieder des Vitamin-B-Komplexes sind, insbesondere aber das von RICKES u. M. und SMITH u. M. entdeckte Vitamin B_{12}.

STOKSTAD [44], STAHL und FRIEDRICHS [39] stellten bei Verfütterung von Fischextraktionsstoffen (Fish solubles) bzw. Fischpreßwässern (Abfallprodukte der fischverarbeitenden Industrie) an Küken und Schweinen gleichwertige Gewichtszunahmen wie mit hochwertigen teuren tierischen Eiweißstoffen fest. STOKSTAD und YUKES [42], [43] fanden in den Fermentationslösungen von *Streptomyces aureofaciens* das Vitamin B_{12}. Die in großen Mengen anfallenden Fermentationsrückstände bei der Antibioticaherstellung erwiesen sich als Vitamin B_{12}-Träger. STOKSTAD [44] wies in vergleichenden Kükenwachstumsversuchen nach, daß man mit Vitamin B_{12}-haltigen Aureomycin-Fermentationsprodukten weit höhere wachstumsfördernde Effekte hervorrufen kann, als bei der Zufütterung von reinem Vitamin B_{12}. Es liegt nun auf der Hand, wie das Vitamin B_{12}, so auch die reinen Antibiotica als Animal-Protein-Faktoren zu bezeichnen.

Seit diesen ersten Versuchen sind unzählige Arbeiten auf internationaler Basis über die Antibioticaverfütterung an Nutztieren erschienen. Im Rahmen dieser Abhandlung ist es aber nur von Interesse, die wichtigsten, die das Für und Wider des Problems diskutieren, zu berücksichtigen. Neben der Einsparung tierischen Eiweißes steht natürlich die Wachstumsbeschleunigung bei gleichzeitiger Senkung des Futterverzehrs im Vordergrund der Untersuchungen. Durch fortlaufende subtherapeutische Dosen von Penicillin und Breitspektrum-Antibiotica glaubt man auch eine weitgehende Senkung der Aufzuchtverluste erreichen zu können. Im Gegensatz zu den beachtlichen Erfolgen durch Antibioticaverfütterung an Geflügel in den USA (STOKSTAD [44], HILL, KELLY [21], WAIBEL u. M.

[47], LEDERLE-Mitteilungen [25]—[27] u. a.) konnten EBBELL [3]—[5], GERRIETS [14]—[16] u. a. nur in einigen Versuchen mehr oder weniger starke Wachstumseffekte bei der Aufzucht von Jungtieren beobachten, während teilweise keine oder sogar negative Ergebnisse angezeigt wurden. In fast allen Versuchen lag eine höhere Letalität auf Seiten der Versuchsgruppen.

Aber nicht nur auf Grund widersprechender Ergebnisse, sondern auch wegen vieler warnender Stimmen, die seit dem Einsatz von Antibiotica zu Fütterungszwecken laut geworden sind, nehmen viele Länder in der Erteilung von Konzessionen für die Produktion von antibioticahaltigen Futtermitteln eine abwartende Stellung ein.

KOLLATH [24] nimmt mögliche Schädigungen der menschlichen Gesundheit bei dauerndem Genuß von mit Antibiotica gefüttertem Schlachtgeflügel an. Tierärztliche Bedenken gegen laufende Verabreichungen von Antibiotica in unterschwelligen Dosen haben GERRIETS und STAHL [14]: „Es muß in hohem Grade als bedenklich bezeichnet werden, daß Antibiotica beim Geflügel laufend in unterschwelligen Dosen zu diätetischen Zwecken verfüttert werden und auf der anderen Seite dieselben Antibiotica mit spezieller Indikation bei einigen Geflügelkrankheiten empfohlen werden.“ Als Grund für die stark umstrittene Rolle, die die antibioticahaltigen Futtermittel in Europa spielen, sieht FANGAUF [6] die Tatsache, „. . . , daß ihr Wirkungsmechanismus noch ungeklärt ist und daß man aus der vermutlichen Störung der normalen Zusammensetzung der Darmflora bzw. aus der möglichen „Erbwertverschleierung“ bei Zuchttieren zeitweise oder dauernde Schädigungen physiologischer und genetischer Natur ableiten zu müssen glaubt.“ Auf die Gefahren von Antibiotica- und Vitamin B_{12}-Futtergaben bei der Selektion durch Erbverschleierung weisen ebenfalls FERRANDO [8], SCHÜRCH [37], GERRIETS und STAHL [14] hin. EBBEL [3]—[5] konnte in einer Reihe von Arbeiten eindeutige Wachstumseffekte bei Küken mit keinem von ihm verwendeten Wirkstoff oder deren Kombination erzielen. Gegen diese Bedenken wendet sich, häufig in scharfer Form, die herstellende Industrie.

Während man scheinbar auf dem amerikanischen Kontinent kritiklos Antibioticasupplemente dem Futter zusetzt, ist in Holland die Verfütterung von Antibioticazusätzen an Zuchttiere verboten. In der Schweiz unterstehen alle Wirkstoffe einer Deklarationspflicht. Ähnliche Maßnahmen werden für andere europäische Länder vorgeschlagen.

Neueste Untersuchungen gehen dahin, mit futterverwandten Stoffen gleiche oder bessere Effekte als mit Antibiotica zu erzielen.

In diesem Zusammenhang untersuchten GERRIETS und BOBSIEN [17], GERRIETS und STAHL [14], GERRIETS, WERNER und STAHL [13] Einflüsse, die sowohl sogenannte Vitaminträger als auch die Haltung von Küken auf Tiefstreu auf Wachstumsbeschleunigung und Verlustminderung ausüben. In Kükenwachstumsversuchen wurden Betamehl, Detamin und der Einfluß von Tiefstreu auf der einen Seite, und Aurofac, ein Futterzusatz, bestehend aus Aureomycin und Vitamin B_{12}, auf der anderen Seite vergleichend geprüft. Mit Betamehl (an Kleie gebundene Fischpreßwässer mit Fraktionen des Vitamin B_2-Komplexes und D_2 sowie ultraviolett bestrahlte Hefe-Ergosterine) und Detamin (ultraviolett bestrahlte Hefe-Ergosterine) wurden relativ bessere Resultate erzielt als mit Aureomycin und Aurofac.

Auf Grund der in vitro Versuche von WINTER [56], [57], [62]—[65] sowie den Testuntersuchungen von WINTER und HORNBOSTEL [60], WINTER und WILLEKE [51]—[55], [58], [59], GERMER [12], STICKL [40], [41], WICHER [50] und HALBEISEN [19] mit dem von der Fa. Dr. Madaus & Co., Köln auf den Markt gebrachten Pflanzenantibioticum „Tromalyt", dessen Hauptbestandteile die Wirkstoffe aus *Tropaeolum maius* sind, auf Indikation und Wirkungsspektrum in der Humanmedizin zeigt SCHARPENSEEL [34] einen neuen Weg, um die handelsüblichen Antibiotica, „die sicherlich nicht einfach als diätetisch positiv wirksame Supplemente, sondern schlechthin als körperfremde Additiva eingestuft werden müssen", zu ersetzen. SCHARPENSEEL bezeichnet es zweifellos als Vorteil, wenn wachstumsbeschleunigende und resistenzerhöhende Effekte durch die antibiotischen Prinzipien in den höheren Pflanzen erzielt werden könnten. In einer Reihe von varianzanalytisch ausgewerteten Versuchen konnte SCHARPENSEEL [35] bei Verfütterung von Frischpflanzensubstraten bzw. Ölextrakten aus *Tropaeolum maius, Cassia sophera und Carica papaia an* Hühnerküken signifikant bessere Ergebnisse im Vergleich zu Aurofac feststellen. SCHARPENSEEL u. M. [36] gelang es, schwere Geflügel-Virus-Infektionen von Pockendiphtherie und Newcastle disease mit Antibiotica aus höheren Pflanzen günstig zu beeinflussen.

II. Untersuchungsobjekte, Methodik und Ergebnisse

1. Testung hemmstoffhaltiger höherer Pflanzen in vitro

Da WINTER u. M. in einer Reihe von in vitro-Versuchen bei höheren einheimischen Pflanzen hochaktive Wirkstoffe mit breiten Wirkungsspektren aufgefunden haben, erschien uns die Fragestellung interessant, inwieweit auch besonders geflügelpathogene Keimstämme durch Antibiotica dieser Art gehemmt werden.

WINTER u. M. testeten u. a. Wirkstoffe aus *Tropaelum maius*, *Lepidium sativum* und *Cochlearia armoracia* sowohl in den Frischpflanzen und den Ölextrakten als auch in Präparaten aus stabilisiertem Pflanzenmaterial von *Tropaeolum* und *Lepidium* („Tromalyt, Lep. 53") gegen *Staph. aur.*, *Esch. coli* und *Bact. subt.* sowie eine Anzahl pathogener und apathogener Keime.

Für unsere Versuche standen uns verschiedene Stämme von *Staphylococcus aureus*, *Streptococcus lactis*, *Salmonella pullorum*, *Bacterium avisepticum* und *Bacterium coli* zur Verfügung.

Als Versuchspflanzen wählten wir besonders Träger senfölhaltiger Komponenten, die Blätter bzw. die Schlotten von *Tropaeolum maius* L. (Kapuzinerkresse), *Lepidium sativum* L. (Gartenkresse), *Allium cepa* L. (Gartenzwiebel), *Allium sativum* L. (Knoblauch), *Allium schoenoprasum* L. (Schnittlauch), die Wurzeln von *Cochlearia armoracia* L. (Meerrettich), *Apium graveolens* L. (Sellerie), *Petroselinum sativum* Hoffm. (Petersilie) und *Raphanus sativus* var. *niger* Pers. (Schwarzrettich). Von *Allium cepa* und *Allim sat.* wurden zusätzlich noch die Zwiebeln auf ihre Hemmwirkung gegen die 5 Keime getestet.

Nach den Untersuchungen von WINTER u. M. haben sich bei der in vitro-Testung von gasförmigen Hemmstoffen aus höheren Pflanzen drei Methoden am besten bewährt. Der übliche Lochtest, der Röhrchenverdünnungstest sowie der Gastest nach WINTER, der außerordentlich empfindlich reagiert.

Für unsere Untersuchungen wählten wir den Loch- und den Gastest. Da die Feststellung von Grenzverdünnungen weder im Rahmen unserer Arbeit lag, noch die technischen Voraussetzungen zur Durchführung eines exakten Verdünnungstestes mit Wirkstoffen aus höheren Pflanzen gegeben waren, wurde auf den Röhrchentest verzichtet.

Für den Lochtest wurden Petrischalen mit einem Bodendurchmesser von 8,5 cm mit 15 cm^3 Fleischwasserpeptonagar (1% Pepton Evans, 3% Agar, 0,25% NaCl, $p_H = 7{,}4$—7,5) beschickt. Bei einer geringeren Menge reißt nach längerer Bebrütung der Agar durch Eintrocknung. Als bester Nährboden für einen Stamm von *Bact. avisept.* erwies sich Blutagar (Fleischwasserpeptonagar : Hammelblut = 1 : 3). Nach dem Erkalten wurden die Agarplatten mit 0,25 cm^3 einer 24stündigen *Strept. lact.* und *Bact. avisept.* Bouillon-Kultur beimpft, ferner von *Staph. aur.*, *Salm. pull.* und *Bact. coli* der 24stündigen Bouillon 0,25 cm^3 entnommen und mit reiner Bouillon auf 5 cm^3 verdünnt. Mit 0,5 cm^3 dieser Verdünnung wurden dann die Platten infiziert, mit Hilfe steriler Korkbohrer von 9 mm und 11 mm Durchmesser Löcher in den Agar gestanzt und diese mit der Testsubstanz ausgefüllt.

Während die Blätter der Versuchspflanzen mit einem Mörser zu einem feinen Brei zerstampft werden konnten, führte diese Methode für die Wurzeln und die Zwiebeln zu einer faserigen und für den Lochtest unbrauchbaren Masse. Mit einer Perlonreibe erhält man auch in diesem Falle eine genügend feine Substanz. Als Kontrolle diente für jeden Keimstamm je eine Prüfplatte. Die Gegenkontrollen wurden mit Penicillin- und Aureomycinlösungen unterschiedlicher Konzentration durchgeführt. Die Bruttemperatur im Thermostaten betrug immer 37° C. Die Hemmungshöfe wurden alle 18, 24, 48, 72 und 96 Stunden abgelesen. Mit einem Stechzirkel wurde in jedem Falle der Radius des Hemmungshofes vom Lochrand bis zur Zone der ersten Keimkolonien bestimmt.

Die Ergebnisse eines ersten Versuches über 72 Stunden mit *Tropaeolum m.*, *Lepidium sat.*, *Cochlearia arm.*, *Allium schoe.* und *Allium cepa* (Blätter) sind in Tab. 1 zusammengefaßt. Von den fünf Pflanzen wurden 200 mg des Blatt- bzw. Wurzelbreies in Stanzlöcher von 9 mm und 11 mm gefüllt. Da dieser Versuch nur mit Fleischwasserbouillon durchgeführt wurde, zeigten alle mit Bouillonkultur eines *Bact. avisept.*-Stammes beimpften Platten kein Wachstum. Es ist auch in weiteren Versuchen nicht gelungen, diesen wählerischen *Bact. avisept.*-Stamm auf gewöhnlichem Agar zu züchten. Während in der Kontrolle *Staph. aur.*, *Strept. lact.* und *Salm. pull.* normales Wachstum zeigten, sind diese drei Keime auf den *Tropaeolum*-Platten zu allen 4 Prüfzeiten völlig gehemmt. Da es unmöglich erscheint, daß der Wirkstoff so schnell bzw. überhaupt bis an den Rand der Schale diffundiert, kann die Hemmung aller Keime auf dem Nährboden nur durch die aus der Testsubstanz verdampften und im Luftraum der Petrischale sich befindenden Hemmstoffe hervorgerufen sein. Die im nächsten Abschnitt beschriebenen Gastestversuche beweisen, daß eine entsprechende Menge *Tropaeolum*-Blattbrei in der Lage ist, für den Zeitraum von 72 Stunden eine bakteriostatische Wirkung auf diese drei Keime auszuüben. Während durch *Tropaeolum m.* bei *Bac. coli* nach 18 Stunden Hemmungshöfe mit großem Radius gemessen wurden, war nach 48 Stunden keinerlei bakteriostatische Wirkung mehr zu erkennen. Die in diesem Versuch verwendeten *Salm. pull.*- und *Bact. coli*-Stämme ließen sich durch beide Penicillinkonzentrationen nicht hemmen. Während die verhältnismäßig schwachen bakteriostatischen Wirkungen von *Lepidium sat.* und *Cochlearia arm.* bereits sehr schnell abklangen, zeichnete sich *Allium schoe.* durch größere und über alle Kontrollzeiten kaum wesentlich verminderte Hemmungszonen bei allen vier Keimen aus. Die dargestellten Hemmungswerte von *Allium schoe.* und *Allium cepa* sind für *Staph. aur.* und *Strept. lact.* etwa mit denen der beiden Penicillinkontrollen zu vergleichen. Besondere Beachtung verdient die Hemmung dieses äußerst virulenten *Salm. pull.*-Stammes, der auf Penicillin nicht anspricht, durch die beiden *Allium*-Arten.

Da der Durchmesser der Stanzlöcher augenscheinlich kaum Einfluß auf die Größe des Hemmungshofes hat, wurden in allen Platten folgender Versuche nur Löcher von 9 mm Durchmesser gestanzt.

Einen Versuch mit den gleichen Stämmen stellt Tab. 2 dar. Die äußerst starken und scharf abgesetzten Hemmungszonen auf der *Allium sat.*-Platte sind wohl teilweise, bestimmt aber bei *Salm. pull.* nach 18stündiger Bebrütung, durch eine bakteriostatische Gaswirkung zu erklären. Auch in den bewachsenen Randzonen von *Staph. aur.* und *Salm. pull.* erschienen die Keime in ihrem Wachstum deutlich gehemmt. Bei *Staph. aur.*, *Strept. lact.* und *Salm. pull.* ist ein sehr zögerndes Vordringen von der bewachsenen Randzone in den keimfreien Hof mit der Zeit zu beobachten. Die *Bact. coli*-Platte wies zwar nach 48 Stunden keine völlige Hemmung mehr auf, doch waren 10 mm um den Lochrand die Keime nur sehr spärlich gewachsen. Die bakteriostatische Wirkung von Penicillin war ganz erheblich durch die von *Allium sat.* übertroffen. *Raphanus sat.* zeigte nur geringere Effekte bei *Staph. aur.* und *Salm. pull.* in den beiden ersten Prüfzeiten.

Ein Versuch, durch *Allium cepa*- und *Sinapis alba*-Samenextrakte bakteriostatische Wirkungen hervorzurufen, verlief negativ. Als Extraktionsmittel dienten uns *Oleum jecoris aselli* und *Oleum pedis tauri*. 6 g Samen wurden fein zerstoßen, gemahlen und mit 6 cm³ Öl bei Zimmertemperatur luftdicht verschlossen aufbewahrt. Nach 2, 6 und 10 Tagen wurde das Öl abgezogen und nach beschriebener Methode getestet.

Da in folgenden Versuchen (Tab. 3 und 4) *Strept. lact.* in der Kontrolle nicht bzw. nur schwach gewachsen war, kann ein Vergleich mit den Prüfgruppen nicht stattfinden. Der untersuchte *Salm. pull.*- und *Bact. coli*-Stamm ließ sich zwar durch Aureomycin von 25 γ und 250 γ beeinflussen, jedoch nicht, bzw. nur einmal sehr schwach, bei *Salm. pull.* in den 3 ersten Zeiten duch 25 γ Penicillin. Auch eine 10fache Penicillinmenge hemmte *Bact. coli* nur in einem Falle (Tab. 4). In der *Tropaeolum m.*-Prüfgruppe ist in einem Versuch die Hemmung von *Staph. aur.* nach 72 Stunden fast völlig aufgehoben und die von *Bact. coli* geht mit der Zeit stark zurück, während im andern Versuch alle drei Testkeime nicht gewachsen waren. Im 3. Versuch (Tab. 3) ist *Salm. pull.* durch *Cochlearia arm.* gehemmt worden, dagegen war der gleiche Stamm im 4. Versuch (Tab. 4) nicht davon beeinflußbar. Dieser Gegensatz erklärt sich entweder durch einen unterschiedlichen Wirkstoffgehalt verschiedener *Cochlearia*-Wurzeln oder Verlust der bakterienhemmenden Komponente durch längere Lagerung. Letzteres wird jedoch von WINTER [61] verneint: „Schon nach siebentägiger Trocknung ganzer Meerrettichwurzeln bei Zimmertemperatur ist die Wirksamkeit erhöht, allerdings unter der Voraussetzung, daß man den angetrockneten Meerrettich nach dem Zerreiben wieder etwas anfeuchtet." In diesen Versuchen treten ebenfalls die bakteriostatischen Eigenschaften besonders der *Allium*-Arten hervor. Alle drei Keimarten waren beeinflußbar. *Salm. pull.* wurde durch *Allium sat.* (Blätter) völlig gehemmt. Während *Allium sat.* größenordnungsmäßig weit höher in seiner Hemmwirkung lag als das Breitspektrumantibioticum Aureomycin in beiden Konzentrationen, sind die Radien der Höfe durch *Allium schoe.* und *Allium cepa* um etwa die Hälfte kleiner gewesen.

Im Versuch 5 (Tab. 5) wurde dem *Bact. avisept.*-Stamm als Nährboden Blutagar geboten. Alle 5 Teststämme waren in der Kontrolle normal gewachsen. Überraschend starke Hemmungszonen bei allen Keimen wiesen die Gegenkontrollen auf. Bei *Bact. avisept.* vermochten Penicillin und Aureomycin jedoch nur geringe Effekte hervorzurufen. *Tropaeolum m.* zeichnete sich durch hohe Hemmwerte bei *Bact. avisept.*, *Strept. lact.* und *Bact. coli* in den ersten beiden Zeiten bzw. nur in der Kontrolle nach 18 Stunden aus. Danach trat wieder normales Wachstum ein. *Staph. aur.* und *Salm. pull.* blieben über alle Prüfzeiten durch *Tropaeolum m.* völlig gehemmt. Durch *Petroselinum sat.* und *Apium grav.* ließ sich keiner der Stämme beeinflussen. Die Hemmwirkungen der *Allium*-Arten war auch in diesen Versuchen beachtenswert. Durch *Cochlearia arm.* wurde nur eine geringe bakteriostatische Wirkung erzielt. In zwei folgenden Versuchen konnte durch *Cochlearia arm.* kein antibiotischer Effekt festgestellt werden. Alle Platten zeigten ein normales Wachstum.

Der in Versuch 6 (Tab. 6) verwendete *Bact. avisept.*-Stamm konnte außer kleinen Höfen auf den Penicillinplatten und einer Hemmwirkung durch flüchtige Stoffe aus *Tropaeolum m.* nach 18 und 24 Stunden nur durch *Allium sat.* (Blätter) bakteriostatisch beeinflußt werden. *Staph. aur.* und *Salm. pull.* waren durch *Tropaeolum m.* völlig und *Bact. coli* sehr stark gehemmt. Die Hemmzonen bei *Staph. aur.* und *Bact. coli* durch *Allium sat.* mit Radien von 28 mm und 20 mm übertrafen die der höchsten Aureomycinkonzentration um das Doppelte, während die *Salm. pull.*-Platte gar nicht bewachsen war.

In einem Versuch mit neuen Stämmen aller 5 Keimarten (Tab. 7) weichen die Ergebnisse nicht unerheblich von den oben beschriebenen ab. Zwar hemmte *Tropaeolum m.* alle Teststämme, doch war bei *Staph. aur.*, *Strept. lact.* und *Salm. pull.* nach 48 Stunden wieder normales oder mittleres Wachstum eingetreten. *Lepidium sat.* und *Cochlearia arm.* waren unwirksam. Nur in einem Falle konnte durch *Lepidium sat.* bei *Bact. avisept.* über 24 Stunden ein geringer Effekt festgestellt werden. Sehr hohe Hemmwerte ergab wiederum *Allium sat.* gegenüber allen Keimen. Ebenfalls sind die Wirkungen von *Allium schoe.* mit denen der

TABELLE 1

	Bact. avisept. 18h	24h	48h	72h	*Staph. aur.* 18h	24h	48h	72h	*Strept. lact.* 18h	24h	48h	72h	*Salm. pull.* 18h	24h	48h	72h	*Bact. coli* 18h	24h	48h	72h
Kontrolle	–	–	–	–	+++	+++	+++	+++	+++	+++	+++	+++	+++	+++	+++	+++	+++	+++	+++	+++
1. Gegenkontrolle Penicillin 25 γ	–	–	·	–	6,5	5	5	4	8	7	7	6	+++	+++	+++	+++	+++	+++	+++	+++
2. Gegenkontrolle Penicillin 250 γ	–	–	–	–	7	6,5	5	3	8	8	7	7	+++	+++	+++	+++	+++	+++	+++	+++
Tropaeolum maius																				
⌀ 9 mm	–	–	–	–	–	–	–	–	–	–	–	–	–	–	–	–	8	2,5	+++	+++
⌀ 11 mm	–	–	–	–	–	–	–	–	–	–	–	–	–	–	–	–	13	2,5	+++	+++
Lepidium sativum																				
⌀ 9 mm	–	–	–	–	3	2	+++	+++	2	2	1	+++	4	3	+++	+++	1,5	+++	+++	+++
⌀ 11 mm	–	–	–	–	3,4	2	+++	+++	2	1,5	1	+++	4	3,2	+++	+++	2	+++	+++	+++
Allium schoenopr.																				
⌀ 9 mm	–	–	–	–	9	6	6	5	8,2	7	6,5	6,5	9	4	2	2	3,5	3,5	3,5	3,5
⌀ 11 mm	–	–	–	–	10	8	7,5	5,5	10	7,5	7	6,5	9,5	5,3	2	2	3	3	3	3
Cochlearia armoracia	–	–	–	–	3	3	+++	+++	6	5	5	+++	7	+++	+++	+++	+++	+++	+++	+++
Allium cepa (Zwiebel)	–	–	–	–	7,5	6,5	2,5	2	8,5	8,5	8,5	7	5	3,5	3,5	2,5	2,5	1	+++	+++

Erklärung der Zeichen der Tabellen 1—16:

– kein Wachstum
\+ schwaches Wachstum
++ mittleres Wachstum
+++ normales Wachstum (keine Hemmung)
× verunreinigte Platte
die Zahlenangaben beziehen sich auf die Radien der Hemmungshöfe in mm

TABELLE 2

	Staph. aur.					*Strept. lact.*					*Salm. pull.*					*Bact. coli*				
	18^h	24^h	48^h	72^h	96^h	18^h	24^h	48^h	72^h	96^h	18^h	24^h	48^h	72^h	96^h	18^h	24^h	48^h	72^h	96^h
Kontrolle	+++	+++	+++	+++	+++	+++	+++	+++	+++	+++	+++	+++	+++	+++	+++	+++	+++	+++	+++	+++
Penicillin 25 γ	5	4,9	4	4	4	9	9	8	8	8	+++	+++	+++	+++	+++	+++	+++	+++	+++	+++
Penicillin 250 γ	8	7	6,5	6	6	11	11	11	11	10	+++	+++	+++	+++	+++	+++	+++	+++	+++	+++
Allium sativum (Blätter)	31	31	26	22	16	17	14,5	14	13	13	—	31,5	30	28,5	25	14	14	7,5	+++	+++
Raphanus sativus (Wurzel)	3	2	+++	+++	+++	+++	+++	+++	+++	+++	5	4,3	+++	+++	+++	+++	+++	+++	+++	+++

TABELLE 3

	Staph aur.					*Strept. lact.*					*Salm. pull.*					*Bact. coli*				
	18^h	24^h	48^h	72^h	96^h	18^h	24^h	48^h	72^h	96^h	18^h	24^h	48^h	72^h	96^h	18^h	24^h	48^h	72^h	96^h
Kontrolle	+++	+++	+++	+++	+++	++	++	+	+	+	+++	+++	+++	+++	+++	+++	+++	+++	+++	+++
1. Gegenkontrolle Penicillin 25 γ	×	×	×	×	×	++	+	+	+	+	2	2	2	+++	+++	+++	+++	+++	+++	+++
2. Gegenkontrolle Penicillin 250 γ	5,5	5	4,5	4,5	4,5	—	—	—	—	—	6	6	6	6	7	+++	+++	+++	+++	+++
3. Gegenkontrolle Aureomycin 25 γ	12	12	12	12	10	8,5	10	10	10	9	13	7,5	7,5	7,5	7	9	7	7	7	7
4. Gegenkontrolle Aureomycin 250 γ	14,5	14	14	14	12	14	×	×	×	×	10	7,5	7,5	7,5	6	10	10	10	10	10
Tropaeolum maius	—	—	—	+++	+++	—	—	—	—	—	—	—	—	—	—	7	3,5	2,5	0,5	0,5
Cochlearia armoracia	5	3,5	2,5	2	2	7,5	×	×	×	×	8	7,2	6	5	5	+++	+++	+++	+++	+++
Allium schoenoprasum	8	9,8	7,5	5	5	—	—	—	—	—	6,5	6	6	6	6	7	8	6	6	6
Allium cepa (Blätter)	8	9	6	5,5	5	—	—	—	—	—	8	7	4	3	2	4,5	5	4,5	4,5	4,5

TABELLE 4

	Staph. aur.					*Strept. lact.*					*Salm. pull.*					*Bact. coli*				
	18h	24h	48h	72h	96h	18h	24h	48h	72h	96h	18h	24h	48h	72h	96h	18h	24h	48h	72h	96h
Kontrolle	+++	+++	+++	+++	+++	—	—	—	—	—	+++	+++	+++	+++	+++	+++	+++	+++	+++	+++
1. Gegenkontrolle Penicillin 25 γ	4,5	4	4	4	4	—	—	—	—	—	+++	+++	+++	+++	+++	+++	+++	+++	+++	+++
2. Gegenkontrolle Penicillin 250 γ	5,8	5,5	5,2	5	5	—	—	—	—	—	5,5	5,5	5,5	3	2	3	3	3	2	+++
3. Gegenkontrolle Aureomycin 25 γ	14	14	14	13	13	—	—	—	—	—	13	13	12	12	10	9	8	8	7	6
4. Gegenkontrolle Aureomycin 250 γ	15	15	15	13	13	—	—	—	—		13	12	12	12	11	11	10	10	10	8
Tropaeolum maius	—	—	—	—	—	—	—	—	—	—	—	—	—	—	—	—	—	—	—	—
Cochlearia armoracia	3,2	3,2	2,2	2	+++	—	—	—	—	—	+++	+++	+++	+++	+++	+++	+++	+++	+++	+++
Allium sativum (Blätter)	28	25	24	23	22	—	—	—	—	—	—	—	—	—	—	24	22,5	21	21	21
Allium cepa (Zwiebeln)	8	7	7	7	7	—	—	—	—	—	9	5,3	5	4,5		1	1	0,5	+++	+++

TABELLE 6

	Bact. avisept.					*Staph. aur.*					*Salm. pull.*					*Bact. coli*				
	18h	24h	48h	72h	69h	18h	24h	48h	72h	96h	18h	24h	48h	72h	96h	18h	24h	48h	72h	96h
Kontrolle	+++	+++	+++	+++	+++	+++	+++	+++	+++	+++	+++	+++	+++	+++	+++	+++	+++	+++	+++	+++
1. Gegenkontrolle Penicillin 25 γ	0,5	+++	+++	+++	+++	7	7	6	6	6	11	10	10	10	9	4	4	4	4	4
2. Gegenkontrolle Penicillin 250 γ	1	+++	+++	+++	+++	8	8	8	8	7	17	16	16	15	14	9	8,5	8	7	7
3. Gegenkontrolle Aureomycin 25 γ	+++	+++	+++	+++	+++	11,5	11	11	11	10	13	13	6	2,5	+++	7	7	6	6	5
Gegenkontrolle Aureomycin 250 γ	+++	+++	+++	+++	+++	13	13	11	10	9	16	16	14	13	7	9	9	9	9	7
Tropaeolum maius	+	++	+++	+++	+++	—	—	—	—	—	—	—	—	—	—	24	22	17	17	17
Cochlearia armoracia	+++	+++	+++	+++	+++	+++	+++	+++	+++	+++	+++	+++	+++	+++	+++	+++	+++	+++	+++	+++
Allium sativum (Blätter)	11	9,5	8	8	8	—	28	28	28	28	—	—	—	—	—	21	20	20	20	20
Allium schoenoprasum	+++	+++	+++	+++	+++	8	2,5	2,5	2	2	20	14	7	5	2	6	6	6	6	4

früheren Versuche vergleichbar. Durch *Allium cepa* wurden jedoch weit geringere oder keine Wirkungen erzielt.

Da in unseren Versuchen die Verdopplung bzw. die Verzehnfachung der Penicillin- und Aureomycinmengen per Einwaage in keinem Verhältnis zur Hemmwirkung steht, und man Effekte mit bestimmten Wirkstoffgehalten der höheren Pflanzen, für *Tropaeolum m.* (Blätter) 600 γ/2 g nach SCHARPENSEEL [35], zwangsläufig nicht mit denen der landläufigen Antibioticis gleichsetzen kann, wurden in einem abschließenden Versuch in den Gegenkontrollen Penicillin- und Aureomycinkonzentrationen von 0,05 γ—5 γ verwandt. Überraschenderweise konnte aber durch diese kleinsten Penicillin- und Aureomycinmengen keinerlei Hemmwirkung auf die Keimstämme beobachtet werden.

Vergleichende Betrachtungen der einzelnen Versuche (Tab. 1—7, S. 30—35) ergeben stark unterschiedliche Wirkungsspektren, sowohl zwischen den getesteten Pflanzenarten, als auch den einzelnen Spezies zueinander in den verschiedenen Versuchen. Da unsere Testversuche sich über mehrere Monate ausdehnten, sich also natürlicherweise die Pflanzenmaterialien durch neue Aufzuchten und damit auch die Umweltbedingungen (Boden, Licht, Feuchtigkeit, Wärme usw.) änderten, dürften hierin einerseits die Ursachen für die unterschiedliche antibiotische Wirksamkeit gleicher Pflanzenarten zu suchen sein. Zum andern müssen Resistenzunterschiede der benutzten Teststämme angenommen werden. Für *Lepidium sat.* zeigt WINTER [57], „daß der Gehalt der Gartenkresse an Hemmstoffen extremen Schwankungen unterliegen kann". Daß durch abweichende Bedingungen quantitative Differenzen im Hemmstoffgehalt auch bei den von uns untersuchten Spezies auftreten können, liegt auf der Hand. Qualitative Unterschiede zwischen den antibiotischen Substanzen aus *Lepidium sat.* und *Tropaeolum m.* weist WINTER [57] nach. Ebenso können die teilweise stark variierenden Wirkungsspektren zwischen den einzelnen Arten in unseren Versuchen durch qualitative Unterschiede der Hemmstoffe ihre Erklärung finden.

Nach WINTER [57] kann aber die Natur der antibiotischen Prinzipien in höheren Pflanzen nur durch die Reindarstellung gelöst werden. Die Annahme einer Identität der Wirkstoffe mit den in den untersuchten Pflanzenarten enthaltenen Senfölkomponenten konnte von WINTER [62] sowie KLESSE und LUKASCHEK [22] entkräftet werden. Wenn auch Senföle noch in großen Verdünnungen bakterienhemmend wirken, waren nach KLESSE und LUKASCHEK „die Pflanzenextrakte aus *Tropaeolum maius* L. bedeutend wirksamer als jedes der untersuchten Senföle".

Im Gastest nach WINTER [67] wird jeder unmittelbare Kontakt zwischen Testsubstanz und Nährboden ausgeschaltet. Eine abgewogene Menge zermörserten oder zerriebenen Pflanzenbreies wurde in einer Petrischale möglichst gleichmäßig dünn ausgespatelt. Eine zweite gleich große Schalenhälfte mit 15 cm³ Fleischwasserpeptonagar bzw. Blutgar, der mit den Testkeimen in Strichkultur beimpft worden war, wurde so auf die erste gelegt, daß die geschliffenen Ränder aneinanderstießen. Die Nahtlinie der beiden Schalenhälften wurden dann mit heißem Paraffin abgedichtet. Der Rauminhalt der Schalen betrug immer ca. 200 cm³. Für einen Querstrich auf der Agarplatte wählten wir jeweils eine Platinöse mit

TABELLE

	Bact. avisept.					*Staph. aur.*				
	18^h	24^h	48^h	72^h	96^h	18^h	24^h	48^h	72^h	96^h
Kontrolle	+++	+++	+++	+++	+++	+++	+++	+++	+++	+++
1. Gegenkontrolle Penicillin 25 γ	1,5	1,5	1	1	+++	11	12	11	11	11
2. Gegenkontrolle Penicillin 250 γ	3,2	3,2	3,2	3	++++	13	13	12	10	10
3. Gegenkontrolle Aureomycin 25 γ	3	2,5	2,5	2,5	+++	17	17,5	17	17	17
4. Gegenkontrolle Aureomycin 250 γ	5	4	4	4	+++	21	20	20	20	20
Tropaeolum maius	22	10	+++	+++	+++	–	–	–	–	–
Cochlearia armoracia	+++	+++	+++	+++	+++	2	+++	+++	+++	+++
Allium sativum (Zwiebel)	15,2	14,5	12	12	12	–	–	–	–	–
Allium cepa (Zwiebel)	2	1	0,5	+++	+++	7	6	6	5,5	+++
Allium cepa (Blätter)	2	1	0,5	+++	+++	7	6	5	4,5	3
Petroselinum sativum	+++	+++	+++	+++	+++	+++	+++	+++	+++	+++
Apium graveoleus	+++	+++	+++	+++	+++	+++	+++	+++	+++	+++

TABELLE

	Bact. avisept.					*Strept. lact.*				
	18^h	24^h	48^h	72^h	96^h	18^h	24^h	48^h	72^h	96^h
Kontrolle	+++	+++	+++	+++	+++	+++	+++	+++	+++	+++
Penicillin 60 γ	10	8	8	+++	+++	2,1	2	2	2	+++
Penicillin 120 γ	11,5	9	8	4	2	3,8	3	2	2	1
Aureomycin 60 γ	8	8	4	4	2	7	6	3,5	3	2
Aureomycin 120 γ	9,2	9	6	6	3	8	8	4,5	4	3
Tropaeolum maius	–	–	–	–	–	–	–	++	+++	+++
Lepidium sativum	4	4	+++	+++	+++	+++	+++	+++	+++	+++
Cochlearia armoracia	+++	+++	+++	+++	+++	+++	+++	+++	+++	+++
Allium sativum (Zwiebel)	16	16	15	15	15	19	19	14,5	10	10
Allium schoenoprasum	5,6	5,5	5	5	4,5	2	1,8	1	+++	+++
Allium cepa (Blätter)	5,2	5	+	+	+	+++	+++	+++	+++	+++
Allium cepa (Zwiebel)	5,8	5	5	4	4	2	2	+++	+++	+++

2 mm lichtem Durchmesser. Die benutzten Keimstämme wurden, wie bereits oben beschrieben hergestellt, die Gastestplatten wie beim Lochtest bei 37 °C im Thermostaten bebrütet und die Intensität des Keimwachstums alle 18, 24, 48, 72 und 96 Stunden abgelesen.

Von den ersten beiden Gastestversuchen mit *Tropaeolum m.*, die neben der Kontrolle mit 100, 300, 500 und 750 mg durchgeführt wurden, war in einem Falle *Bact. avisept.* nicht gewachsen. Ein Vergleich mit den Versuchsgruppen kann also nicht stattfinden. In folgenden Versuchen verwandten wir Blutagar für die Testung auf *Bact. avisept.* An Hand der Tab. 8 und 9 kann eine hohe Sensibilität aller 5 Testkeime gegenüber *Tropaeolum m.* festgestellt werden. 100 mg Blattbrei wirkten allerdings auf *Bact. coli* nur nach 18 und 24 Stunden merklich. *Strept. lact.* zeigte kein Wachstum, während *Salm. pull.* einmal bei 100 mg Blattbreieinwaage mit einigen Kolonien gewachsen war. *Staph. aur.* wurde ebenfalls bereits durch 100 mg stark beeinflußt, während höhere Dosen keinerlei Entwicklung mehr zuließen.

5

Strept. lact.					Salm. pull.					Bact. coli				
18h	24h	48h	72h	96h	18h	42h	48h	72h	96h	18h	24h	48h	72h	96h
+++	+++	+++	+++	+++	+++	+++	+++	+++	+++	+++	+++	+++	+++	+++
13	13	13	13	13	10	10	10	10	10	3	5	4	4	4
16	16	14	14	14	13,2	13	13	13	13	7	7	7	7	7
15,5	13	14	14	14	10	8	4,5	2	1	10	8,5	7,5	7	6
19	15	15	14	14	12	10,2	6,5	5,5	4	9	8,2	8	8	7
21	6	+++	+++	+++	—	—	—	—	—	18	+++	+++	+++	+++
2	2	2	1	+++	4	+++	+++	+++	+++	3,2	2,2	2	2	+++
25	16	16	16	16	28	23	22	21	21	19	17	17	17	17
10	8	5	4	4	5	5	5	5	5	2	2	2	3	3
7	7	5	5	5	5	3	2	2	2	3	3	2	2	2
+++	+++	+++	+++	+++	+++	+++	+++	+++	+++	+++	+++	+++	+++	+++
+++	+++	+++	+++	+++	+++	+++	+++	+++	+++	+++	+++	+++	+++	+++

7

Strept. lact.					Salm. pull.					Bact. coli				
18h	24h	48h	72h	96h	18h	24h	48h	72h		18h	24h	48h	72h	96h
+++	+++	+++	+++	+++	+++	+++	+++	+++	+++	+++	+++	+++	+++	+++
10	9	9	7	7	9	9	8,5	8	6	1	0,2	+++	+++	+++
12	10	8,5	8	7	9,5	9,5	9	6	5	2,5	1,5	+++	+++	+++
8	8	6	6	6	6	5	+++	+++	+++	3,8	3	+++	+++	+++
9,5	9	7	6	5	6	5	1	+++	+++	4,5	3,8	2	1	+++
—	—	+	+++	+++	19	19	+++	+++	+++	5	5	1,5	1,5	1,5
+++	+++	+++	+++	+++	+++	+++	+++	+++	+++	+++	+++	+++	+++	+++
+++	+++	+++	+++	+++	+++	+++	+++	+++	+++	+++	+++	+++	+++	+++
13,5	13,5	12	12	12	21	21	21	21	21	8	8	8	8	8
5	5	5	4	4	7	6	6	6	6	3,5	3,5	3,5	3	3
+++	+++	+++	+++	+++	2	1,5	+++	+++	+++	+++	+++	+++	+++	+++
3	2	1,5	1,5	1,5	0,5	0,5	0,2	+++	+++	+++	+++	+++	+++	+++

Zwei folgende Versuche (Tab. 10 und 11) mit neuen *Tropaeolum*-Kulturen zeigen deutliche Unterschiede zu den vorher beschriebenen. *Bact. avisept.* war im wesentlichen nur in den ersten beiden Kontrollzeiten empfindlich. Eine Steigerung der antibiotischen Wirkung mit höherer Substanzeinwaage war bei *Staph. aur.*, *Salm. pull.* und *Bact. coli* deutlich. Die Hemmung von *Strept. lact.* war in beiden Versuchen unterschiedlich. Wie schon bei den Lochtestversuchen erwähnt, ist auch hier die antibiotische Wirkung augenscheinlich von Umwelteinflüssen, unter denen die Pflanzen aufgezogen wurden, abhängig.

Tab. 12 zeigt die sehr geringe Empfindlichkeit unserer Keimstämme gegenüber *Lepidium sat.* im Gastest. Nur bei den höheren Einwaagen konnten wahrnehmbare Effekte beobachtet werden. Weitere Versuche mit *Lepidium sat.* verliefen gleichartig.

Allium schoe. und *Allium cepa* erwiesen sich im Gastest als unwirksam (Tab. 13).

Eine Reihe von Untersuchungen mit *Allium sat.* (Blätter und Zwiebeln) (Tab. 14) ergaben Ergebnisse mit nur ganz geringen Schwankungen. Auch auf

TABELLE
1. Gastestversuch

	Bact. avisept.					*Staph. aur.*				
	18	24	48	72	96	18	24	48	72	96
K	–	–	–	–	–	+++	+++	+++	+++	+++
100 mg	–	–	–	–	–	+	+	+	++	++
300 mg	–	–	–	–	–	–	–	–	–	–
500 mg	–	–	–	–	–	–	–	–	–	–
750 mg	–	–	–	–	–	–	–	–	–	–

TABELLE
2. Gastestversuch

	Bact. avisept.					*Staph. aur.*				
	18	24	48	72	96	18	24	48	72	96
K	+++	+++	+++	+++	×	+++	+++	+++	+++	+++
100 mg	–	–	–	–	–	–	–	+	+	+
300 mg	–	–	–	–	–	–	–	–	–	+
500 mg	–	–	–	–	–	–	–	–	–	–
750 mg	–	–	–	–	–	–	–	–	–	–

TABELLE
3. Gastestversuch

	Bact. avisept.					*Staph. aur.*				
	18	24	48	72	96	18	24	48	72	96
K	+++	+++	+++	+++	+++	+++	+++	+++	+++	+++
100 mg	–	++	+++	+++	+++	–	++	+++	+++	+++
300 mg	–	++	+++	+++	+++	–	–	+	+	++
500 mg	–	+	++	+++	+++	–	–	+	+	+
750 mg	–	–	+	+++	+++	–	–	–	+	+

TABELLE
4. Gastestversuch

	Bact. avisept.					*Staph. aur.*				
	18	24	48	72	96	18	24	48	72	96
K	+++	+++	+++	+++	+++	+++	+++	+++	+++	+++
50 mg	–	–	++	+++	+++	–	+	++	+++	+++
100 mg	–	–	++	+++	+++	–	–	+	+	+++
300 mg	–	–	+	++	++	–	–	–	–	–
500 mg	–	–	+	++	++	–	–	–	–	–
750 mg	–	–	–	–	–	–	–	–	–	–

TABELLE
Gastestversuch

	Bact. avisept.					*Staph. aur.*				
	18	24	48	72	96	18	24	48	72	96
K	+++	+++	+++	+++	+++	+++	+++	+++	+++	+++
100 mg	++	++	+++	+++	+++	++	++	+++	+++	+++
300 mg	++	++	+++	+++	+++	+	+	++	+++	+++
500 mg	+	+	++	+++	+++	+	+	+	++	+++
750 mg	–	–	++	++	+++	+	+	+	++	+++

8
mit ***Tropaeolum maius***

Strept. lact.					*Salm. pull.*					*Bact. coli*				
18	24	48	72	96	18	24	48	72	96	18	24	48	72	96
+++	+++	+++	+++	+++	+++	+++	+++	+++	+++	+++	+++	+++	+++	+++
–	–	–	–	–	+	+	+	+	++	++	++	+++	+++	+++
–	–	–	–	–	–	–	–	–	–	–	–	+	++	+++
–	–	–	–	–	–	–	–	–	–	–	–	+	+	++
–	–	–	–	–	–	–	–	–	–	–	–	–	–	–

9
mit ***Tropaeolum maius***

Strept. lact.					*Salm. pull.*					*Bact. coli*				
18	24	48	72	96	18	24	48	72	96	18	24	48	72	96
+++	+++	+++	+++	+++	+++	+++	+++	+++	+++	+++	+++	+++	+++	+++
–	–	–	–	–	–	–	–	–	–	–	–	++	+++	+++
–	–	–	–	–	–	–	–	–	–	–	–	+	+++	+++
–	–	–	–	–	–	–	–	–	–	–	–	+	++	+++
–	–	–	–	–	–	–	–	–	–	–	–	+	+	++

10
mit ***Tropaeolum maius***

Strept. lact.					*Salm. pull.*					*Bact. coli*				
18	24	48	72	96	18	24	48	72	96	18	24	48	72	96
+++	+++	+++	+++	+++	+++	+++	+++	+++	+++	+++	+++	+++	+++	+++
–	+	++	++	++	–	–	++	++	+++	–	+++	+++	+++	+++
–	–	++	++	++	–	–	+	+	+	–	++	+++	+++	+++
–	–	+	+	+	–	–	+	+	+	–	+	++	++	+++
–	–	–	–	–	–	–	–	–	–	–	–	–	–	–

11
mit ***Tropaeolum maius***

Strept. lact.					*Salm. pull.*					*Bact. coli*				
18	24	48	72	96	18	24	48	72	96	18	24	48	72	96
+++	+++	+++	+++	+++	+++	+++	+++	+++	+++	+++	+++	+++	+++	+++
–	–	–	–	–	–	+	+	+	+	–	+++	+++	+++	+++
–	–	–	–	–	–	–	+	+	+	–	++	+++	+++	+++
–	–	–	–	–	–	–	–	–	–	–	+	+	++	++
–	–	–	–	–	–	–	–	–	–	–	–	–	–	–
–	–	–	–	–	–	–	–	–	–	–	–	–	–	–

12
mit ***Lepidium sativum***

Strept. lact.					*Salm. pull.*					*Bact. coli*				
18	24	48	72	96	18	24	48	72	96	18	24	48	72	96
+++	+++	+++	+++	+++	+++	+++	+++	+++	+++	+++	+++	+++	+++	+++
++	++	+++	+++	+++	++	++	+++	+++	+++	+++	+++	+++	+++	+++
++	++	+++	+++	+++	++	++	+++	+++	+++	+++	+++	+++	+++	+++
++	++	++	++	+++	+	++	+++	+++	+++	+++	+++	+++	+++	+++
+	+	++	+++	+++	+	+	+	+++	+++	+	++	++	++	+++

TABELLE
Gastestversuch

	Bact. avisept. 18	24	48	72	96	*Staph. aur.* 18	24	48	72	96
K	+++	+++	+++	+++	+++	+++	+++	+++	+++	+++
100 mg	+++	+++	+++	+++	+++	+++	+++	+++	+++	+++
300 mg	+++	+++	+++	+++	+++	+++	+++	+++	+++	+++
500 mg	+++	+++	+++	+++	+++	+++	+++	+++	+++	+++
750 mg	+++	+++	+++	+++	+++	+++	+++	+++	+++	+++

TABELLE
Gastestversuch

	Bact. avisept. 18	24	48	72	96	*Staph. aur.* 18	24	48	72	96
K	+++	+++	+++	+++	+++	+++	+++	+++	+++	+++
500 mg	–	–	–	–	–	–	–	–	–	–
100 mg	–	–	–	–	–	–	–	–	–	–
300 mg	–	–	–	–	–	–	–	–	–	–
500 mg	–	–	–	–	–	–	–	–	–	–
750 mg	–	–	–	–	–	–	–	–	–	–

TABELLE
1. Gastestversuch

	Bact. avisept. 18	24	48	72	96	*Staph. aur.* 18	24	48	72	96
K	+++	+++	+++	+++	+++	+++	+++	+++	+++	+++
100 mg	–	–	–	–	–	–	+	++	+++	+++
300 mg	–	–	–	–	–	–	–	++	++	+++
500 mg	–	–	–	–	–	–	–	–	–	–
750 mg	–	–	–	–	–	–	–	–	–	–

TABELLE
2. Gastestversuch

	Bact. avisept. 18	24	48	72	96	*Staph. aur.* 18	24	48	72	96
K	+++	+++	+++	+++	+++	+++	+++	+++	+++	+++
100 mg	+	+	+++	+++	+++	+	+++	+++	+++	+++
300 mg	–	+	+++	+++	+++	–	++	+++	+++	+++
500 mg	–	+	+++	+++	+++	–	–	++	++	+++
750 mg	–	+	+++	+++	+++	–	–	–	–	–

einer Platte mit nur 50 mg Knoblauchbrei war außer einigen *Bact. coli*-Kolonien kein Wachstum festzustellen. Die Gastestwirkung von *Tropaeolum m.* wird also durch die von *Allium sat.* bei weitem übertroffen. Versuche mit Sorten verschiedener Herkunftsländer hatten gleiche Resultate.

Die bereits bei den Lochtestversuchen beobachtete Uneinheitlichkeit der Hemmwirkungen durch verschiedene *Cochlearia*-Wurzeln konnte auch im Gastest bestätigt werden (Tab. 15 und 16). Während die Ergebnisse bei *Staph. aur.*, *Strept.*

13
mit *Allium schoenoprasum*

Strept. lact.					*Salm. pull.*					*Bact. coli*				
18	24	48	72	96	18	24	48	72	96	18	24	48	72	96
+++	+++	+++	+++	+++	+++	+++	+++	+++	+++	+++	+++	+++	+++	+++
+++	+++	+++	+++	+++	+++	+++	+++	+++	+++	+++	+++	+++	+++	+++
+++	+++	+++	+++	+++	+++	+++	+++	+++	+++	+++	+++	+++	+++	+++
+++	+++	+++	+++	+++	+++	+++	+++	+++	+++	+++	+++	+++	+++	+++
+++	+++	+++	+++	+++	+++	+++	+++	+++	+++	+++	+++	+++	+++	+++

14
mit *Allium sativum*

Strept. lact.					*Salm. pull.*					*Bact. coli*				
18	24	48	72	96	18	24	48	72	96	18	24	84	73	96
+++	+++	+++	+++	+++	+++	+++	+++	+++	+++	+++	+++	+++	+++	+++
–	–	–	–	–	–	–	–	–	–	+	+	+	+	+
–	–	–	–	–	–	–	–	–	–	–	+	+	+	+
–	–	–	–	–	–	–	–	–	–	–	–	–	–	–
–	–	–	–	–	–	–	–	–	–	–	–	–	–	–
–	–	–	–	–	–	–	–	–	–	–	–	–	–	–

15
mit *Cochlearia armoracia*

Strept. lact.					*Salm. pull.*					*Bact. coli*				
18	24	48	72	96	18	24	48	72	96	18	24	48	72	96
+++	+++	+++	+++	+++	+++	+++	+++	+++	+++	+++	+++	+++	+++	+++
+	++	+++	+++	+++	–	–	–	++	++	++	+++	+++	+++	+++
–	–	–	–	–	–	–	–	–	–	++	+++	+++	+++	+++
–	–	–	–	–	–	–	–	–	–	++	++	++	+++	+++
–	–	–	–	–	–	–	–	–	–	++	++	++	+++	+++

16
mit *Cochlearia armoracia*

Strept. lact					*Salm. pull.*					*Bact. coli*				
18	24	48	72	96	18	24	48	72	96	18	24	48	72	96
+++	+++	+++	+++	+++	+++	+++	+++	+++	+++	+++	+++	+++	+++	+++
+	++	+++	+++	+++	–	+++	+++	+++	+++	+++	+++	+++	+++	+++
–	+	++	++	++	–	–	–	–	–	–	–	+++	+++	+++
–	–	+	+	+	–	–	–	–	–	–	–	–	–	–
–	–	–	–	–	–	–	–	–	–	–	–	–	–	–

lact. und *Salm. pull.* in beiden Versuchen mehr oder weniger geringere Differenzen aufwiesen, war der gleiche *Bact. avisept.*-Stamm im ersten Versuch zu allen Zeiten völlig gehemmt, wogegen im zweiten nur nach 18 und 24 Stunden eine Wirkung erkennbar war. Bei einem Stamm von *Bact. coli* lagen die Verhältnisse ähnlich.

Ein Vergleich aller durchgeführten Gasteste zeigt, daß die bakterienhemmende Wirkung proportional der Menge der eingewogenen Substanz ist und mit höherer Kontrollzeit abnimmt.

Bei der Darstellung der Sensibilitätsgrade durch Kreuze muß auf gewisse subjektive Fehler hingewiesen werden, die sich zwangsläufig erhöhen, falls man für normales Wachstum ++++ (WINTER) angibt.

2. *Vergleichende Wachstumsversuche an Hühner- und Entenküken mit antibioticahaltigen höheren einheimischen Pflanzen*

Das Ziel unserer in vivo Versuche war festzustellen, inwieweit man durch Zufütterung antibioticahaltiger höherer Pflanzen gleichwertige oder bessere Effekte in der Gewichtsentwicklung, dem Futterverzehr und der Senkung der Aufzuchtverluste erreichen kann, als durch Zusätze landläufiger Antibiotica.

Die Untersuchungen wurden von Mai bis Oktober 1956 auf dem Versuchsgelände der Forschungsabteilung für Geflügelkrankheiten der Humboldt-Universität Berlin, in Damsdorf Bez. Potsdam durchgeführt. Auf Grund der in vitro festgestellten Hemmungsintensitäten der Pflanzenspezies auf die untersuchten Testkeime wählten wir für unsere Wachstumsversuche *Tropaeolum m.*, *Lepidium sat.*, *Allium schoe.*, *Allium sat.* (Zwiebeln), *Allium cepa* (Blätter und Zwiebeln).

Alle Versuchstiere entstammen dem Wirtschaftsbetrieb der Forschungsabteilung. Bei der Zusammenstellung der Versuchsgruppen fanden folgende Punkte besondere Beachtung:

1. Ausgeglichenes Versuchsmaterial.
2. Gleiche Umweltbedingungen für jede Versuchsgruppe.
3. Gleiche Zeiten der Fütterung und Stallarbeiten für alle Gruppen.
4. Vermeidung von Futterverlusten durch entsprechende Einrichtungen.

Jede Versuchsgruppe bestand aus 100 Hühnerküken, bei Enten aus 30 bzw. 20 Tieren. Es fand eine tägliche Kontrolle des Verzehrs statt. Zu Versuchsbeginn und -ende wurden alle Tiere einzeln gewogen. Jede Woche außerdem die zwischenzeitlichen Gruppengewichte ermittelt. Die Blätter und Zwiebeln der Versuchspflanzen wurden abgewogen, mit einem Wiegemesser fein zerkleinert dem Grundfutter beigemischt und morgens bei der ersten Fütterung gegeben. Um einen etwaigen Einfluß von Grünfutter an sich auszuschließen, wurde an die Kontrollgruppen Salat oder Luzerne in der gleichen Zubereitung verfüttert. Als Wärmequellen dienten je Versuch teils zentralbeheizte Warmwasserglucken oder pro Gruppe 5 Infrarotstrahler von je 250 Watt ca. 50 cm über dem Boden. Die Einstreu aller Versuche bestand aus trockenem Sägemehl mit routinemäßigem Wechsel. Die verwendeten Serienversuchsstallungen gewährleisteten innerhalb eines Versuches vollkommen einheitliche Bedingungen für jede Gruppe. Die Versuchsdauer betrug immer jeweils 8 Wochen. Das in einer Gegenkontrolle verwendete Terramycinmischfutter wurde mit Hilfe eines elektrischen Trommelmischers hergestellt.

Um in der Versuchszeit genügend Pflanzenmaterial zur Verfügung zu haben, wurden Beete mit den zu prüfenden Pflanzen (*Tropaeolum m.*, *Lepidium sat.*, *Allium schoe.*, *Allium cepa*) angelegt. Es wurde breitwürfig oder in Reihen ausgesät. *Tropaeolum m.* bei entsprechender Größe pikiert. Die Kultur der Pflanzen bereitete keinerlei Schwierigkeiten und bedurfte keiner besonderen Pflege. *Allium sat.* wurde vom Handel bezogen.

Die mathematisch-statistische Auswertung wurde nach der t-Wert-Methode von FISHER und YATES [10] durchgeführt, wonach die p-Werte tabellarisch abgelesen werden.

Aus der Varianz der Differenz, berechnet nach der Formel

$$S_d^2 = \frac{\Sigma (dx_1)^2 + \Sigma (dx_2)^2}{N_1 + N_2 - 2}$$

erhält man den Wert S, die Streuung um den Mittelwert sowohl der Anfangs- als auch der Endgewichte der einzelnen Tiere:

$$S_d = \sqrt{\frac{\Sigma (dx_1)^2 + \Sigma (dx_2)^2}{N_1 + N_2 - 2}}$$

wobei $\Sigma (dx_i)^2$ die Summe der Quadrate der Differenzen zum Mittelwert darstellen. Im Zähler der Formel werden also immer je 2 Gruppen miteinander verglichen. Der Nenner ist gleich dem Freiheitsgrad (FG), d. h. Summe der Anzahl der Glieder beider Gruppen minus 2. Zur Feststellung der Signifikanz wird der t-Wert errechnet nach:

$$t = \frac{\bar{x}_1 - \bar{x}_2}{S_d} \cdot \sqrt{\frac{N_1 \cdot N_2}{N_1 + N_2}}$$

Nach Einsetzen von S_d ergibt sich für

$$t = \frac{\bar{x}_1 - \bar{x}_2}{\sqrt{\frac{\Sigma (dx_1)^2 + \Sigma (dx_2)^2}{N_1 + N_2 - 2} \cdot \frac{N \cdot N_2}{N_1 + N_2}}}$$

x ist gleich dem Durchschnittsgewicht der jeweiligen durch Index bezeichneten Gruppe.

Nach der Tabelle von PETAU liegt beim t-Wert > 3 die Überschreitungswahrscheinlichkeit p bei 0,001. Das Ergebnis ist also 1000fach gesichert. Ist > 2, so ist ein Unterschied wahrscheinlich, da p bei 0,01 liegt. Ist t jedoch < 2, ist das Ergebnis als zufällig zu betrachten und nicht signifikant.

Die in vivo Untersuchungen wurden an insgesamt 1190 Tieren in 5 Versuchen, die sich wie folgt einteilen, durchgeführt:

Versuch A	400 Italienerküken	in 4 Gruppen
Versuch B	500 Rhodeländerküken	in 5 Gruppen
Versuch C	120 Pekingentenküken	in 4 Gruppen
Versuch D	90 Pekingentenküken	in 3 Gruppen
Versuch E	80 Pekingentenküken	in 4 Gruppen

Versuch A

In einem ersten Versuch mit 400 Italienerküken wurde ein einheitliches all mash Futter folgender Zusammenstellung gegeben:

45 %	Haferschrot
15 %	Gerstenschrot
15 %	Maisschrot
14 %	Sojaschrot
5 %	Trockenmagermilch
3 %	Futterhefe
2,5%	Kalk mit Mineralsalzgemisch
0,5%	NaCl
100,0%	

Das Mineralsalzgemisch bestand aus:

1 %	Eisensulfat
0,8 %	Mangansulfat
0,01 %	Kupfersulfat
0,07 %	Kaliumjodid
0,004%	Kobaltkarbonat

Daneben wurde ausreichend Holzkohle zur freien Aufnahme und mit Vitamin A und D_2 angereicherter Lebertran verabfolgt.

In diesem Versuch wurden *Allium schoe.*, *Tropaeolum m.* und *Lepidium sat.* an je 100 Tieren vergleichend geprüft. Alle Tiere erhielten in den ersten 4 Tagen Weizengrütze und danach Grundfutter obiger Zusammensetzung.

Die Einteilung der Gruppen war wie folgt:

Gruppeneinteilung

I. Kontrollgruppe	100 Italienerküken
Grundfutter	ab 7.d 0,5 g Grünfutter pro Tier u. Tag
	ab 14.d 1,0 g Grünfutter pro Tier u. Tag
II. Versuchsgruppe	100 Italienerküken
Grundfutter	ab 7.d 0,5 g *Allium sch.* pro Tier u. Tag
+ *Allium schoe.*	an 14.d 1,0 g *Allium sch.* pro Tier u. Tag
III. Versuchsgruppe	100 Italienerküken
Grundfutter	ab 7.d 0,5 g *Tropaeolum m.* pro Tier u. Tag
+ *Tropaeolum m.*	ab 14.d 1,0 g *Tropaeolum m.* pro Tier u. Tag
IV. Versuchsgruppe	100 Italienerküken
Grundfutter	ab 7.d 0,5 g *Lepidium sat.* pro Tier u. Tag
+ *Lepidium sat.*	ab 14.d 1,0 g *Lepidium sat.* pro Tier u. Tag

Als Einsatzgewichte wurden für die

Gruppe I	37,62 g
Gruppe II	37,75 g
Gruppe III	37,77 g
Gruppe IV	37,68 g

im Durchschnitt festgestellt. Das Versuchsmaterial war also äußerst gut ausgeglichen. Auf die Berechnung der Streuung um den Mittelwert konnte verzichtet werden.

Tab. 17 stellt das wöchentliche Durchschnittsgewicht der Gruppen dar.

TABELLE 17

Gewichtsentwicklung

	Gruppe I 100 Küken Kontrolle	Gruppe II 100 Küken *Allium schoe.*	Gruppe III 100 Küken *Trop. maius*	Gruppe IV 100 Küken *Lep. sat.*
Einsatzgewicht	37,6	37,7	37,8	37,7
1. Woche	57,5	57,6	57,7	57,5
2. Woche	97,5	94,9	101,5	98,9
3. Woche	151,0	143,9	153,6	151,0
4. Woche	179,8	174,7	180,6	191,8
5. Woche	237,4	239,7	241,8	266,3
6. Woche	306,1	316,5	321,4	357,4
7. Woche	375,0	394,7	392,7	425,5
8. Woche	462,2	479,3	464,3	511,6
Zunahme insgesamt	424,6	441,6	426,5	473,9

Mit einem Durchschnittsgewicht von 462,2 g liegt die Kontrolle am niedrigsten in der Gewichtsentwicklung. Ein wesentlicher Unterschied in der Zunahme ist gegen die Versuchsgruppe IV (*Lepidium sat.*) festzustellen, deren Tendenz bereits von der 4. Woche ab deutlich wird.

Wie aus Tab. 18 hervorgeht, die den wöchentlichen Futterverzehr pro Tier aufzeigt, liegt der Summenwert der *Lepidium sat.*-Gruppe am höchsten, während die Versuchsgruppe II (*Allium schoe.*) mit etwa 150 g unter diesem Wert liegt.

TABELLE 18

∅ Futterverzehr pro Tier

	Gruppe I 100 Küken Kontrolle	Gruppe II 100 Küken *Allium schoe.*	Gruppe III 100 Küken *Trop. maius*	Gruppe IV 100 Küken *Lep. sat.*
1. Woche	45,24	44,67	48,54	45,38
2. Woche	89,34	84,96	94,39	90,68
3. Woche	120,31	108,63	121,60	124,51
4. Woche	153,07	137,44	136,54	147,83
5. Woche	155,32	153,02	154,88	186,21
6. Woche	204,93	214,79	218,37	242,33
7. Woche	272,83	263,99	260,99	293,23
8. Woche	332,78	312,56	307,51	343,38
Insgesamt	1373,82	1320,00	1342,73	1473,55
Verluste	4%	6%	5%	6%

Bei einem Vergleich von Durchschnittsgewichten mit dem gesamten Futterverzehr der einzelnen Gruppen erhalten wir jedoch nur relative Werte. Erst die Verwertungszahlen geben uns Aufschluß über das Verhältnis des Verbrauchs an verdaulichem Eiweiß zum Gesamtnährstoff, bezogen auf 100 g Gewichtszunahme. Als Verwertungszahlen für verdauliches Eiweiß und Gesamtnährstoffe ergaben sich nach den RÖMERschen Tabellen [33], errechnet durch

$$\frac{\text{Verzehr . verd. Eiweiß}}{\text{Zunahme}} \quad \text{bzw.} \quad \frac{\text{Verzehr . ges. Nährstoffe}}{\text{Zunahme}}$$

für die Gruppen

I.	47,69	verd. Eiweiß	202,06	ges. Nährstoffe
II.	44,06	„ „	186,67	„ „
III.	46,40	„ „	196,61	„ „
IV.	45,83	„ „	194,18	„ „

Die höhere Gewichtszunahme der *Lepidium sat.*-Gruppe (IV) wird, wie die Berechnung der Verwertungszahlen zeigt, nicht durch einen größeren Futterverzehr, sondern durch eine bessere Verwertung erreicht. Ebenfalls liegen die Verwertungszahlen der Gruppen II und III unter denen der Kontrolle. Die weitaus beste Futterverwertung hat die Gruppe II (*Allium schoe.*).

Zu Versuchsende wurden alle Tiere einzeln gewogen und die Streuung um den Mittelwert errechnet (Tab. 19).

TABELLE 19

Gruppe I (Kontrolle)	∅ 462,2	$S_d = \pm$ 11,99
Gruppe II (*Allium schoe.*)	∅ 479,3	$S_d = \pm$ 12,47
Gruppe III (*Tropaeolum m.*)	∅ 264,3	$S_d = \pm$ 12,26
Gruppe IV (*Lepidium sat.*)	∅ 511,6	$S_d = \pm$ 14,76

Diese Streuungswerte geben Aufschluß über die Entwicklung der Tiere. Alle Gruppen weisen verhältnismäßig große Streuungen auf, d.h. daß neben gut entwickelten Tieren auch solche mittlerer und kleinerer Gewichte auftraten. Die Werte der Versuchsgruppen II und III differieren nur unwesentlich im Vergleich mit der Kontrolle.

Die Verluste waren in allen Gruppen einheitlich niedrig und sind als Zufallsergebnisse zu bezeichnen. Es handelte sich in jedem Falle um unechte Verluste ohne pathologisch-anatomische und parasitologische Befunde.

Der Vergleich der Gewichtszunahme der Kontrolle mit der der Prüfgruppen ergab in der mathematisch-statistischen Auswertung folgende Unterschiede:

Kontrolle/*Allium schoe.*	Gr. t-Wert = 0,989	$p = 0,3$
Kontrolle/*Tropaeolum m.*	Gr. t-Wert = 0,122	$p = 0,9$
Kontrolle/*Lepidium sat.*	Gr. t-Wert = 2,602	$p = 0,01$

Im Kontroll/*Lepidium sat.*-Vergleich liegt die Überschreitungswahrscheinlichkeit bei $p = 0,01$. Das Ergebnis ist 100fach gesichert. Ein echter Unterschied ist also wahrscheinlich. Alle anderen Gruppen erreichten keine signifikant besseren Zunahmen als die Kontrolle.

Versuch B

500 Rhodeländerküken in einem folgenden Versuch erhielten ein Grundfutter gleicher Zusammensetzung, wie im vorigen. Es interessierte besonders die Frage, ob mit dem in vitro außerordentlich wirksamen *Allium sat.* günstige Effekte in bezug auf eine Wachstumssteigerung von Küken festgestellt werden kann. Da

WINTER, BOEGER und WESTERHOFF [66] an Schweinen und besonders SCHARPENSEEL [35] an Hühnerküken bedeutende Wachstumseffekte mit *Tropaeolum m.* beobachteten, wurden in diesem Versuch einer Gruppe *Tropaeolum m.* in proportional doppelten Mengen wie im Versuch A gegeben. *Allium cepa* (Blätter und Zwiebeln) erwiesen sich ebenfalls in den in vitro Testen als äußerst wirksam. 5 Gruppen zu je 100 Rhodeländerküken wurden in infrarotbeheizten Aufzuchtstallungen in folgender Einteilung untergebracht:

Gruppeneinteilung

I. Kontrollgruppe Grundfutter	100 Rhodeländerküken ab 7.d 1 g Grünfutter pro Tier und Tag ab 14.d 2 g Grünfutter pro Tier und Tag
II. Versuchsgruppe Grundfutter + *Tropaeolum m.*	100 Rhodeländerküken ab 7.d 1 g *Tropaeolum m.* pro Tier und Tag ab 14.d 2 g *Tropaeolum m.* pro Tier und Tag
III. Versuchsgruppe Grundfutter + *Allium c.* (Z.)	100 Rhodeländerküken ab 7.d 0,5 g *Allium c.* (Z.) pro Tier und Tag ab 14.d 1,0 g *Allium c.* (Z.) pro Tier und Tag
IV. Versuchsgruppe Grundfutter + *Allium sat.*	100 Rhodeländerküken ab 7.d 0,5 g *Allium sat.* pro Tier und Tag ab 14.d 1,0 g *Allium sat.* pro Tier und Tag
V. Versuchsgruppe Grundfutter + *Allium c.* (B.)	100 Rhodeländerküken ab 7.d 0,5 g *Allium c.* (B.) pro Tier und Tag ab 14.d 1,0 g *Allium c.* (B.) pro Tier und Tag

Bei den sehr ausgeglichenen Einsatzgewichten, die durch Einzelwiegung der trockenen Eintagsküken festgestellt wurden, von

Gruppe I	40,46 g
Gruppe II	40,52 g
Gruppe III	40,52 g
Gruppe IV	40,51 g
Gruppe V	40,53 g

konnte von einer Berechnung der Streuung um den Mittelwert Abstand genommen werden.

Die wöchentlichen Durchschnittsgewichte resultieren aus der Tab. 20.

TABELLE 20

Gewichtsentwicklung

	Gruppe I 100 Küken Kontrolle	Gruppe II 100 Küken *Trop. m.*	Gruppe III 100 Küken *All. c.* (Z.)	Gruppe IV 100 Küken *All. sat.*	Gruppe V 100 Küken *All. c.* (B.)
Einsatzgewicht	40,5	40,5	40,5	40,5	40,5
1. Woche	53,0	53,0	53,5	54,0	52,5
2. Woche	90,0	91,0	86,0	83,0	88,0
3. Woche	137,6	138,5	131,0	133,0	135,5
4. Woche	152,6	179,5	178,0	172,3	165,3
5. Woche	216,1	238,4	230,9	234,1	231,6
6. Woche	273,2	297,5	281,2	286,4	292,6
7. Woche	337,2	353,5	340,6	340,2	361,7
8. Woche	409,9	440,4	414,8	408,0	449,9
Zunahme insgesamt	369,4	399,9	374,3	367,5	409,4

Von der 4. Woche ab erscheint eine Wachstumssteigerung aller vier Versuchsgruppen im Vergleich zur Kontrolle. Bis zum Versuchsende tritt eine deutlich steigende Tendenz besonders in den Gruppen II (*Tropaeolum m.*) und V (*Allium cepa*-Blätter) hervor. Die Gruppen III (*Allium cepa*-Zwiebeln) und IV (*Allium sat.*) weisen zwar in der 4. Woche bedeutende Unterschiede zur Kontrolle auf, jedoch erscheinen die Durchschnittswerte dieser beiden Gruppen in der 8. Woche kaum mehr unterschiedlich zur Kontrolle. Die Gruppe V (*Allium sat.*) liegt dann im Durchschnittsgewicht sogar unter dem der Kontrolle.

Tab. 21 gibt über den wöchentlichen Futterverzehr pro Tier je Gruppe Aufschluß.

TABELLE 21

∅ Futterverzehr pro Tier

	Gruppe I 100 Küken Kontrolle	Gruppe II 100 Küken *Trop. m.*	Gruppe III 100 Küken *All. c.* (Z.)	Gruppe IV 100 Küken *All. sat.*	Gruppe V 100 Küken *All. c.* (B.)
1. Woche	44,03	45,21	45,12	45,20	45,85
2. Woche	83,03	83,03	79,21	74,98	81,26
3. Woche	118,32	122,00	114,98	112,78	119,52
4. Woche	107,92	128,44	139,94	123,94	117,97
5. Woche	157,01	171,18	164,75	167,73	164,91
6. Woche	227,59	233,82	214,40	209,97	227,23
7. Woche	263,67	271,15	256,52	251,44	266,47
8. Woche	299,89	325,01	281,31	311,97	325,23
Insgesamt	1301,46	1379,82	1296,23	1298,01	1348,04
Verluste	15%	1%	4%	14%	6%

Danach wurden für 100 g Gewichtszunahme folgende Verwertungszahlen errechnet:

Gruppe I	51,93	verd. Eiweiß	220,02	ges. Nährstoffe
Gruppe II	50,86	„ „	215,49	„ „
Gruppe III	51,05	„ „	216,28	„ „
Gruppe IV	52,06	„ „	220,58	„ „
Gruppe V	48,54	„ „	205,64	„ „

Die Mehrzunahme in drei Prüfgruppen sind auch in diesem Versuch durch eine bessere Futterverwertung erzielt worden.

Bei weitem am besten hat die *Allium cepa*-(Blätter-)Gruppe hinsichtlich Zunahme und Verwertung abgeschnitten. Die *Tropaeolum m.*-Gruppe lag im Durchschnitt um 30 g höher als die Kontrolle. *Allium cepa* (Zwiebeln) und *Allium sat.* hatten in diesem Versuch nur einen geringen bzw. keinen günstigen Einfluß auf die Gewichtsentwicklung der Tiere. Die Verwertung der *Allium sat.*-Gruppe war sogar schlechter als die der Kontrolle.

Die Streuung um den Mittelwert der 8-Wochengewichte der Gruppen wird in Tab. 22 aufgezeigt.

TABELLE 22

Gruppe I	(Kontrolle)	∅ 409,86	$S_d = \pm$ 10,146
Gruppe II	(*Tropaeolum m.*)	∅ 440,40	$S_d = \pm$ 8,813
Gruppe III	(*Allium cepa*-Z.)	∅ 414,80	$S_d = \pm$ 7,905
Gruppe IV	(*Allium sat.*)	∅ 408,00	$S_d = \pm$ 8,196
Gruppe V	(*Allium cepa*-B.)	∅ 449,90	$S_d = \pm$ 9,370

Die Streuungswerte in den Prüfgruppen liegen in diesem Versuch alle unter denen der Kontrolle. Das Tiermaterial war also in den Versuchsgruppen am ausgeglichensten.

Der mathematisch-statistische Vergleich der Gruppen ergibt für

Kontrolle/*Tropaeolum m.*	Gr. t-Wert = 2,280	p = 0,02
Kontrolle/*Allium cepa* (Zwiebeln)	Gr. t-Wert = 0,388	p = 0,7
Kontrolle/*Allium sat.*	Gr. t-Wert = 0,142	p = 0,9
Kontrolle/*Allium cepa* (Blätter)	Gr. t-Wert = 2,903	p = 0,7

Im Vergleich der Kontrolle mit der *Allium cepa*-(Blätter-)Gruppe liegt die Überschreitungswahrscheinlichkeit p bei 0,001. Das Ergebnis ist 1000fach gesichert. Es ist also ein signifikanter Unterschied vorhanden. Alle anderen Unterschiede sind nicht statistisch gesichert.

Die Verluste in diesem Versuch sind in den einzelnen Gruppen sehr unterschiedlich aufgetreten. Am 24. Versuchstag wurden die ersten Anzeichen (blutige Excremente) einer Coccidiose-Invasion in den Gruppen I, II und IV festgestellt, die sich schnell auch auf die beiden anderen ausdehnte. Die Coccidiose, oder rote Ruhr, ist eine der gefürchtetsten Aufzuchtkrankheiten des Geflügels. Erreger sind zu den Protozoen gehörende *Eimeria*-Arten. Bei der parasitologischen Untersuchung wurde in unserem Falle *Eimeria tenella* festgestellt. Diese seuchenhafte Erkrankung kann die völlige Vernichtung des Kükenbestandes zur Folge haben. Die Infektion erfolgt durch Aufnahme reifer Oocysten, die sich im Verdauungstrakt schizogen vermehren. Durch eine Gametogenie kommt es wiederum zur Bildung von Oocysten, die mit dem Darminhalt ins Freie gelangen und dadurch eine schnelle Verbreitung der Seuche verursachen.

Sowohl Schizonten als auch Gameten zerstören das intestinale Epithelgewebe, so daß die Tiere an Bakteriekämie verenden. In unserem Versuch wurde auf eine Sulfonamidbehandlung bewußt verzichtet. Für die Bekämpfung beschränkten wir uns lediglich auf hygienische Maßnahmen. Trotz des stärkeren Coccidiose-Befalls in den Gruppen II (*Tropaeolum m.*) und III (*Allium cepa*-Z.) waren an den Tieren dieser Gruppe keine äußeren Anzeichen festzustellen. Dagegen litten die Tiere der Gruppen I (Kontrolle) und IV (*Allium sat.*) besonders schwer unter der Krankheit. Nach dem 35. Versuchstag traten keine Krankheitssymptome mehr auf. Doch ist für alle Verluste nach diesem Zeitpunkt indirekt die Coccidiose-Infektion verantwortlich zu machen.

Die Tab. 23 gibt Aufschluß über die Mortalität im Wochenvergleich der einzelnen Gruppen.

Im Vergleich der Kontrolle mit den einzelnen Versuchsgruppen sind bedeutende Unterschiede vorhanden. Besonders verdient die *Tropaeolum m.*-Gruppe herausgestellt zu werden, die mit einer Verlustquote von 1% noch weit unter der für die gewöhnliche Kükenaufzucht berechnete liegt, die zwischen 10 und 20% Verluste, je nach den Umweltbedingungen beziffert wird. Es ist allerdings nicht angängig, unsere Versuche mit diesen Zahlen zu vergleichen, da unser gut ausgeglichenes Tiermaterial in bestem veterinärhygienischem Milieu gehalten wurde. Die hohen Verluste in den Gruppen I und IV resultieren lediglich aus der Infektion mit Coccidiose. Da die Bekämpfung dieser Seuche mit Sulfonamiden erstens sehr teuer ist und zum anderen nur dann einen Erfolg verspricht, wenn die Mittel bereits im frühen Stadium der Krankheit angewandt werden, verdient die bedeutende Verlustminderung in den Gruppen II, III und V besondere Beachtung. Die Versuchsgruppe IV mit einer Mortalität von 14% liegt nur um 1% unter der der Kontrolle. *Allium sat.* hatte also in der gewählten Dosierung weder auf die Wachstumsentwicklung noch auf die Verlustminderung einen günstigen Einfluß, während durch *Tropaeolum m.* und *Allium cepa* in diesem Versuch eine deutliche Senkung der Verlustquote erkennbar ist.

TABELLE 23

Verluste

	Gruppe I 100 Küken Kontrolle	Gruppe II 100 Küken *Trop. m.*	Gruppe III 100 Küken *All. c.* (Z.)	Gruppe IV 100 Küken *All. sat.*	Gruppe V 100 Küken *All. c.* (B.)
1. Woche	—	—	—	—	—
2. Woche	—	—	—	—	—
3. Woche	3	—	—	4	—
4. Woche	2	—	—	2	5
5. Woche	8	1	3	6	—
6. Woche	1	—	1	—	1
7. Woche	—	—	—	1	—
8. Woche	1	—	—	1	—
Verluste in %	15	1	4	14	6

Über Methoden und Ergebnisse eines Therapieversuches mit wirkstoffhaltigen höheren einheimischen Pflanzen gegen eine gezielte *Salmonella pullorum*-Infektion wird von GERRIETS und BROSELL [18] an anderer Stelle berichtet.

Entenversuche

Versuch C

Über Antibioticazusätze zum Grundfutter der Enten liegen eine Anzahl Arbeiten vor. Bei Verfütterung von Penicillin, Aureomycin, Terramycin und Streptomycin konnten weder Wirkungen auf das Wachstum noch auf den Futterverbrauch festgestellt werden. FERRANDO [9] faßt diese Ergebnisse zusammen: „En conclusion, l'usage des antibiotiques dans l'alimentation des canards parait dénué le tout intéret.“ Nur von NOWAK [29] konnten äußerst gute Wachstumseffekte mit terramycinhaltigen Futtermitteln bei Enten beobachtet werden.

Es lag nun nahe, in diesem Zusammenhang Einflüsse von antibioticahaltigen höheren Pflanzen zu untersuchen. In einem Versuch mit 120 Pekingenten sollte Terramycin vergleichend mit *Tropaeolum m.* und *Allium sat.* geprüft werden. Alle Gruppen erhielten ein Mischfutter folgender Zusammensetzung:

50 %	Maisschrot
20 %	Haferschrot
10 %	Weizenkleie
10 %	Sojaschrot
5 %	Trockenmagermilch
3 %	Trockenhefe
1,5%	Kalk mit Mineralsalzgemisch
0,5%	NaCl
100,0%	

Das Mineralsalzgemisch war von gleicher Zusammensetzung wie in den Versuchen A und B. Daneben erhielt jede Gruppe ab 2. Versuchswoche 10 cm³ Lebertran pro Tag. Die Einteilung der Gruppen wurde nach folgendem Schema vorgenommen:

Gruppeneinteilung

I. Kontrollgruppe Grundfutter	30 Pekingentenküken
II. Versuchsgruppe Grundfutter + Terramycin	30 Pekingentenküken 10 mg/kg Terramycin ab 14. Versuchstag
III. Versuchsgruppe Grundfutter + *Tropaeolum m.*	30 Pekingentenküken ab 14.d 2 g *Tropaeolum m.* pro Tier und Tag ab 21.d 4 g *Tropaeolum m.* pro Tier und Tag
IV. Versuchsgruppe Grundfutter + *Allium sat.*	30 Pekingentenküken ab 14.d 1 g *Allium sat.* pro Tier und Tag ab 21d. 2 g *Allium sat.* pro Tier und Tag

Alle Gruppen wurden in einer Aufzuchthalle unter völlig gleichen Bedingungen gehalten. Jeder Gruppe stand ein freier Sandbodenauslauf ohne Grasbewuchs von 20 m² zur Verfügung. Als Wärmequelle dienten jeder Gruppe 5 Infrarotstrahler von je 250 Watt 60 cm über der Einstreu. Ab 3. Versuchswoche wurden die Strahler auf 1 pro Gruppe reduziert. Ab 6. Woche konnte auf jegliche Heizung verzichtet werden.

Der Durchschnittswert der Einsatzgewichte der trocken gewonnenen Entenküken war vollkommen ausgeglichen. Er betrug für alle 4 Gruppen 52,6 g.

Der Versuch wurde bis zu einem durchschnittlichen Einzelgewicht von 2000 g durchgeführt. Da die Gewichte der Gruppen bis zur 3. Woche nur ganz unwesentlich voneinander abwichen, sind diese Werte auf der Tab. 24 ausgelassen.

TABELLE 24

Gewichtsentwicklung

	Gruppe I 30 Tiere Kontrolle	Gruppe II 30 Tiere 10 mg/kg Terramycin	Gruppe III 30 Tiere *Trop. m.*	Gruppe IV 30 Tiere *Lep. sat.*
Einsatzgewicht	52,6	52,6	52,6	52,6
3. Woche	343,3	346,6	340,0	340,0
4. Woche	731,6	693,3	735,0	735,0
5. Woche	1146,6	1073,3	1140,0	1093,3
6. Woche	1536,6	1480,0	1556,6	1523,3
7. Woche	1876,7	1840,0	1873,3	1850,0
8. Woche	2061,3	2061,5	2088,0	2086,0
Zunahme insgesamt	2008,7	2008,9	2035,4	2033,4

Erwartungsgemäß konnte mit 10 mg/kg Terramycin keine Wachstumsbeschleunigung beobachtet werden. Ab 4. Versuchswoche liegen die Durchschnittsgewichte der Terramycingruppe unter denen der Kontrolle, in der 5. Woche mit 73,3 g. Diese Differenz ist jedoch bis zur 8. Woche wieder völlig ausgeglichen. Die

Werte der Kontrolle im Vergleich mit den beiden Prüfgruppen III und IV sind bis zur 7. Woche kaum bemerkenswert. Auch sind die verhältnismäßig geringen Unterschiede bei Versuchsende als rein zufällige Ergebnisse anzusehen.

Ähnliche Resultate zeigt die Tab. 25, die den wöchentlichen und gesamten Futterverzehr pro Tier darstellt.

TABELLE 25

∅ Futterverzehr pro Tier

	Gruppe I 30 Tiere Kontrolle	Gruppe II 30 Tiere 10 mg/kg Terramycin	Gruppe III 30 Tiere *Trop. m.*	Gruppe IV 30 Tiere *Lep. sat.*
1. Woche	50,0	50,0	50,0	50,0
2. Woche	160,0	160,0	160,0	160,0
3. Woche	522,3	521,3	522,5	501,0
4. Woche	870,0	803,3	870,0	810,0
5. Woche	1354,1	1278,5	1390,0	1367,0
6. Woche	1358,8	1220,3	1416,6	1298,3
7. Woche	1437,8	1358,3	1476,6	1414,3
8. Woche	1560,6	1466,6	1600,0	1600,0
Insgesamt	7313,6	6858,3	7487,7	7200,7

Bei allen Entenversuchen traten keine Verluste auf. Die Berechnung der Verwertungszahlen ergab für die einzelnen Gruppen folgende Werte:

Gruppe I	52,89	verd. Eiweiß	237,91	ges. Nährstoffe
Gruppe II	49,50	„ „	223,07	„ „
Gruppe III	53,33	„ „	240,30	„ „
Gruppe IV	51,35	„ „	231,39	„ „

Der Vergleich der Gruppen III und IV zur Kontrolle weist nur ganz geringe Unterschiede auf. Die Futterverwertung der Terramycingruppe ist zur Kontrolle wenig verbessert.

Für die Streuung um den Mittelwert (Tab. 26) wurden verhältnismäßig große Differenzen ermittelt.

TABELLE 26

Gruppe I	∅ 2061,3	$S_d = \pm 24,74$
Gruppe II	∅ 2061,5	$S_d = \pm 31,94$
Gruppe III	∅ 2088,0	$S_d = \pm 19,17$
Gruppe IV	∅ 2086,0	$S_d = \pm 29,35$

Das Versuchstiermaterial der Gruppe III (*Tropaeolum m.*) erwies sich als am ausgeglichensten.

Bei der statistischen Auswertung wurde keine Signifikanz zur Kontrolle erreicht.

Kontrolle/Terramycin	Gruppe t-Wert = 0,049
Kontrolle/*Tropaeolum maius*	Gruppe t-Wert = 0,853
Kontrolle/*Allium sativum*	Gruppe t-Wert = 0,643

Versuch D

In einem vergleichenden Wachstumsversuch wurden 3 Gruppen zu je 30 Pekingenten in einheitlichen Stallungen unter Gewährung von Auslauf gehalten. Die Futterzusammensetzung und die Wärmequellen entsprachen denen des Versuchs C. Es sollten nochmals die Wirkung von *Tropaeolum m.* in einer Dosierung von 2 g pro Tier und Tag und das bei Hühnerküken sich als sehr wirksam erwiesene *Lepidium sat.* über den Zeitraum von 8 Wochen geprüft werden.

Gruppeneinteilung

I. Kontrollgruppe Grundfutter	30 Pekingentenküken ab 7.d 2 g Grünfutter pro Tier und Tag
II. Versuchsgruppe Grundfutter + *Tropaeolum m.*	30 Pekingentenküken ab 7.d 2 g *Tropaeolum m.* pro Tier und Tag
III. Versuchsgruppe Grundfutter + *Lepidium sat.*	30 Pekingentenküken ab 7.d 2 g *Lepidium sat.* pro Tier und Tag

Die Versuchsgruppen wurden auf das gleiche durchschnittliche Einsatzgewicht von 52,6 g pro Tier wie im Versuch C eingestellt. Die wöchentlichen Durchschnittsgewichte sind der Tab. 27 zu entnehmen.

TABELLE 27
Gewichtsentwicklung

	Gruppe I 30 Tiere Kontrolle	Gruppe II 30 Tiere *Trop. maius*	Gruppe III 30 Tiere *Lep. sat.*
Einsatzgewicht	52,6	52,6	52,6
2. Woche	293,3	306,7	296,7
3. Woche	600,0	616,6	600,0
4. Woche	980,0	1066,6	1030,0
5. Woche	1400,0	1443,3	1400,0
6. Woche	1710,0	1806,7	1713,3
7. Woche	2043,3	2150,0	2041,7
8. Woche	2234,2	2337,0	2256,2
Zunahme insgesamt	2181,6	2282,4	2203,6

In der *Tropaeolum m.*-Gruppe ist eine Mehrzunahme von 102,8 g, d. h. 4,6% pro Tier, gegenüber der Kontrolle nicht unbedeutend, da im allgemeinen keine Wachstumssteigerung bei Enten durch die üblichen Antibioticazusätze erreicht werden können. Die *Lepidium sat.*-Gruppe liegt allerdings nur mit 22 g pro Tier über dem Durchschnitt der Kontrolle. Dieser niedrige Unterschiedswert resultiert aber durch ein in dieser Gruppe unterentwickeltes Tier mit einem 8-Wochengewicht von 825 g, während die anderen Exemplare im gleichen Zeitraum ein Gewicht von weit über 2000 g erreichten. Dadurch ergibt sich ein Fehlwert von etwa 1500 g für diese Gruppe, wodurch bei der verhältnismäßig geringen Anzahl von Versuchstieren etwa 50 g zum Durchschnittsgewicht jedes Tieres am Ende des Versuches zuzuzählen wären.

Der wöchentliche Futterverzehr pro Tier wird durch Tab. 28 ausgewiesen.

Über die Futterverwertung der 3 Gruppen geben folgende Werte Auskunft:

Gruppe I	55,11	verd. Eiweiß	248,38	ges. Nährstoffe
Gruppe II	53,01	„ „	238,89	„ „
Gruppe III	54,42	„ „	245,23	„ „

TABELLE 28

∅ Futterverzehr pro Tier

	Gruppe I 30 Tiere Kontrolle	Gruppe II 30 Tiere *Trop. maius*	Gruppe III 30 Tiere *Lep. sat.*
1. Woche	106,9	113,7	102,9
2. Woche	396,6	403,3	393,3
3. Woche	766,6	766,6	766,6
4. Woche	1173,3	1190,0	1183,3
5. Woche	1406,6	1425,0	1425,0
6. Woche	1351,0	1394,3	1380,3
7. Woche	1531,6	1544,0	1524,6
8. Woche	1560,0	1515,1	1494,3
Insgesamt	8292,6	8352,0	8270,3

Die Zunahmen der Gruppen II und III wurden also nicht durch einen größeren Futterverbrauch erkauft, sondern die Verwertung der Kontrolle liegt höher als die der beiden Versuchsgruppen. Die beste Futterverwertung hatte die *Tropaeolum m.*-Gruppe.

Die Errechnung der Streuung um den Mittelwert (Tab. 29) der 8-Wochengewichte ergab sehr große Differenzen zwischen den einzelnen Gruppen.

TABELLE 29

Gruppe I	∅ 2234,2	$S_d = \pm 47{,}42$
Gruppe II	∅ 2337,0	$S_d = \pm 36{,}06$
Gruppe III	∅ 2256,2	$S_d = \pm 59{,}53$

Der hohe Streuungswert der Gruppe III (*Lepidium sat.*) ist durch ein unterentwickeltes Exemplar (s. o.) hervorgerufen. Die Gruppe II (*Tropaeolum m.*) wies das am besten ausgeglichene Tiermaterial auf.

Bei der statistischen Auswertung des Versuchs erreichte keine Gruppe signifikante Unterschiede zur Kontrolle.

Kontrolle/*Tropaeolum m.* Gruppe t-Wert = 1,726
Kontrolle/*Lepidium sat.* Gruppe t-Wert = 0,091

Der Kontrolle/*Tropaeolum m.*-Vergleich mit einer Überschreitungswahrscheinlichkeit von $p = 0{,}1$ ist nur 10fach gesichert.

Versuch E

In einem abschließenden Versuch an 80 Pekingenten erhielten 2 Gruppen ein vollwertiges Mischfutter (Zusammensetzung s. o.) und 2 Gruppen ein Futter mit geringerem Eiweißgehalt folgender Zusammensetzung:

55 % Maisschrot
10 % Gerstenschrot
15 % Weizenkleie
5 % Sojaschrot
2,5% Trockenmagermilch
1,5% Trockenhefe
1,5% Kalk mit Mineralsalzgemisch
0,5% NaCl

Zusätzlich erhielt jede Gruppe ab 2. Versuchswoche 10 cm³ Lebertran pro Tag.

Gruppeneinteilung

I. Kontrollgruppe Grundfutter + Grünfutter	20 Pekingentenküken ab 7.d 1 g Grünfutter pro Tier und Tag ab 14.d 2 g Grünfutter pro Tier und Tag ab 28.d 4 g Grünfutter pro Tier und Tag
II. Versuchsgruppe Grundfutter + *Tropaeolum m.*	20 Pekingentenküken ab 7.d 1 g *Tropaeolum m.* pro Tier und Tag ab 14.d 2 g *Tropaeolum m.* pro Tier und Tag ab 28.d 4 g *Tropaeloum m.* pro Tier und Tag
III. Kontrollgruppe Grundfutter + Grünfutter	20 Pekingentenküken Zusätze wie in Gruppe I
IV. Versuchsgruppe Grundfutter + *Tropaeolum m.*	20 Pekingentenküken Zusätze wie in Gruppe II

Alle Gruppen wurden unter gleichen Bedingungen wie im Versuch C gehalten. Das Ziel dieses Versuches war es festzustellen, ob bei einer Verringerung der eiweißhaltigen Futtermittel Einflüsse auf Wachstum und Futterverbrauch bei Enten mit antibioticahaltigen höheren Pflanzen beobachtet werden können.

Das Durchschnittsgewicht der Einsatzwerte der trocken gewogenen Tiere betrug für alle 4 Gruppen 60,1 g. Die Gewichtsentwicklung bis zur 8. Woche wird in Tab. 30 dargestellt.

TABELLE 30

Gewichtsentwicklung

	Vollwertiges Eiweißfutter		Eiweißarmes Futter	
	Gruppe I 20 Tiere Kontrolle	Gruppe II 20 Tiere *Trop. m.*	Gruppe III 20 Tiere Kontrolle	Gruppe IV 20 Tiere *Trop. m.*
Einsatzgewicht	60,1	60,1	60,1	60,1
1. Woche	125,0	135,0	125,0	125,0
2. Woche	337,5	340,0	262,5	255,0
3. Woche	675,0	660,0	540,0	530,0
4. Woche	1025,0	1015,0	860,0	875,0
5. Woche	1435,0	1450,0	1260,0	1270,0
6. Woche	1712,0	1695,0	1582,5	1565,0
7. Woche	2050,0	2100,0	1940,0	1875,0
8. Woche	2192,2	2257,2	2035,0	2108,7
Zunahme insgesamt	2132,1	2197,1	1974,9	2048,6

In diesem Versuch konnte nur eine geringe Mehrzunahme in der 8. Woche der beiden *Tropaeolum m.*-Gruppen gegenüber ihren Kontrollen festgestellt werden. Es wurde kein täglicher Futterverzehr bestimmt, sondern dieser in Summa nach 8 Wochen berechnet. Daraus ergibt sich ein durchschnittlicher Verzehr pro Tier für die Versuchsdauer von

Gruppe I	(Kontrolle)	8900,0 g
Gruppe II	(*Tropaeolum m.*)	8500,0 g
Gruppe III	(Kontrolle)	8200,0 g
Gruppe IV	(*Tropaeolum m.*)	7600,0 g

Es wird somit eine deutliche Senkung des Verzehrs und der Futterverwertung in den beiden Versuchsgruppen II und IV angezeigt. Der Zusatz von *Tropaeolum m.* zum eiweißarmen Futtermittel hatte keinen wesentlichen Einfluß auf die Gewichtsentwicklung. Die Verringerung des Futterverzehrs der Gruppe IV zur Gruppe III ist allerdings nicht unbedeutend.

Auf eine weitere Auswertung dieses Versuches soll verzichtet werden, da bei Wochen- oder Monatsverzehrsbestimmungen zwangsläufig unvermeidliche Fehlerquellen auftreten und somit in diesem Rahmen liegende exakte Berechnungen ausschließen. Akzeptierbare Werte erhält man nur durch genaue tägliche Feststellung des Futterverzehrs.

III. Diskussion

Vergleichen wir die Ergebnisse der zahlreichen Arbeiten von WINTER u. M. [51] bis [66] mit unseren in vitro Untersuchungen, so können nicht unerhebliche Unterschiede festgestellt werden. In einer von WINTER [56] beschriebenen Lochtestmethode wurden die Platten mit radialen vom Testloch ausgehenden Strichkulturen beimpft. Dieses Verfahren hat zwar den Vorteil, daß eine Platte gleichzeitig mit mehreren Keimen infiziert werden kann, doch konnten wir beobachten, daß bei einer Strichbeimpfung die Keime fast niemals gleichmäßig auf der Linie wuchsen. Impft man vom Lochrand ausgehend nach außen zum Plattenrand hin, reicht meist die Bouillonkultur an der Platinöse nur für die ersten 10 mm, danach ist der Strich nur noch spärlich oder gar nicht bewachsen. Eine gleichmäßige Verteilung der Kultur kann also nicht gewährleistet werden.

In einer späteren Arbeit spricht WINTER [57] von „Hemmungshöfen“. Wir vermuten daher, daß bei den beschriebenen Diffusionstesten die untersuchten Keimarten gleichmäßig auf die Platten ausgespatelt wurden. Nähere methodische Einzelheiten fehlen jedoch.

Exakte Messungen von Hemmungshöfen sind unseres Erachtens nach nur durch eine sorgfältige gleichmäßige Verteilung der Keime auf dem Nährboden gewährleistet. Nur so kann von nicht genau kreisrunden Hemmungszonen durch mehrere Messungen der Durchschnittswert berechnet werden. Da in der Literatur genaue Angaben über Diffusionsteste mit Wirkstoffen aus höheren Pflanzen kaum Erwähnung finden, können unsere diesbezüglichen Ergebnisse nicht diskutiert werden. Die Wirkungen des Röhrchenverdünnungstestes und des Gastestes beruhen auf anderen Prinzipien.

Bei Vergleichen der handelsüblichen Antibiotica mit Hemmstoffen aus höheren Pflanzen scheint unserer Meinung nach der Plattentest am geeignetsten. Der Röhrchenverdünnungstest hat sicher gewisse Vorteile, doch erklären RITZERFELD und ROOS [32] bei vergleichenden Untersuchungen der beiden Methoden: „Allgemein ergibt der Plattentest eine größere Empfindlichkeit der Mikroorganismen als der Röhrchenverdünnungstest. „FREERKSEN und BOENICKE [11] sprechen hingegen bei Anwendung des auxanographischen Testes (Lochtest) von einer verhältnismäßig groben Methode. FREERKSEN und BOENICKE beimpften den durch Erhitzen verflüssigten Bouillon-Agar mit dem Nährsubstrat der Testbakterien.

Zweifellos wird dadurch eine gleichmäßige Verteilung der Keime auf dem Agar erreicht, wenn auch durch die Beimpfung von 1% der Kultur nur ein geringes Bakterienwachstum resultieren dürfte. Über die Zusammensetzung des Nährbodens fehlen in den Ausführungen von FREERKSEN und BOENICKE jegliche Angaben. Die Größe der Hofdurchmesser wird wie bei WINTER ebenfalls mit + bis +++ bzw. + bis ++++ angegeben. Leider sind diese Zeichen bei den Autoren rein subjektiv gewählt und nicht direkt vergleichbar. Sie geben nur Auskunft über einen Intervallswert des Hemmungshofes. Zum anderen benutzten FREERKSEN und BOENICKE die Pflanzenfrischpreßsäfte für die auxanographische Testung, während WINTER den Pflanzenbrei verwendet, denn nach seinen Untersuchungen „ist der Gehalt an flüchtigen Hemmstoffen im abgepreßten Saft geringer als im Rückstand" [57].

Im Zusammenhang mit der Arbeit von FREERKSEN und BOENICKE ist die Beobachtung antibakterieller Potenzen bei Moosen interessant. FREERKSEN und BOENICKE stellen im Auxanogramm mit *Raphanus rhaphanistrum* L. gegenüber *Bact. coli* Hemmungsintensitäten von 16—20 mm im Durchmesser fest, andere Testkeime waren teilweise noch stärker gehemmt worden. Mit *Raphanus sat.* var. *niger* konnten wir keine Wirkung gegen *Bact. coli* beobachten. Nur geringe Effekte waren gegen *Staph. aur.* und *Salm. pull.* nach 18 und 24 Stunden festzustellen. WINTER [56] konnte mit *Allim schoe.* nur einen Hemmungshof von 3—5 mm Durchmesser gegen *Bact. subt.* nachweisen, während *Esch. coli* und *Staph. aur.* nicht beeinflußbar waren. In unseren Lochtestversuchen jedoch hatte besonders *Allium schoe.* äußerst starke antibakterielle Wirkungen gegenüber allen von uns untersuchten Keimstämmen. Unter anderem finden bei WINTER [57] *Petroselinum sat.* und *Apium grav.* als Träger antibiotischer Prinzipien Erwähnung. Da aber nähere Angaben fehlen, muß ein Vergleich mit unseren Ergebnissen unterbleiben. Mit *Petroselinum sat.* und *Apium grav.* erhielten wir in keinem Falle positive Ergebnisse.

Wenn auch die Testmethode von DOLD und KNAPP [2] nach WINTER [64] „mit erheblicher Unsicherheit belastet" ist, so kommen wir bei der Austestung von *Cochlearia arm.* im Prinzip zur gleichen Feststellung wie DOLD und KNAPP: „Noch beschränkter war die Wirkung von Rettich und Meerrettich, die nicht bloß gegenüber dem *B. subtilis*, sondern auch gegenüber Staphylococcen und *B. coli* versagten." In zwei unserer Versuche (Tab. 6 und 7) erwies sich *Cochlearia arm.* als völlig wirkungslos. *Bact. coli* wurde fast nie oder nur sehr schwach beeinflußt, wohingegen bei einem Stamm von *Staph. aur.* antibiotische Effekte gemessen wurden, die aber mit steigender Prüfzeit stark zurückgingen (Tab. 3 und 4).

Die Beobachtungen von DOLD und KNAPP über die antibakterielle Wirkung von *Allium sat.* und *Allium cepa* können von uns bestätigt werden. In bezug auf *Allium sat.* schreiben DOLD und KNAPP: „Es hemmte das Wachstum aller Testbakterien völlig. Von gleicher Wirkung war auch die Zwiebel; jedoch war der Wirkungsgrad hier geringer als beim Knoblauch." Die von uns im Auxanogramm festgestellten starken bakteriostatischen Effekte mit *Allium schoe.* konnten DOLD und KNAPP allerdings nicht beobachten: denn: „Wider Erwarten fanden wir einen anderen Angehörigen dieser Familie, den Schnittlauch, ganz wirkungslos".

Dieser Befund ist wohl auf die eigenartige Testmethode von DOLD und KNAPP zurückzuführen. Die zu prüfenden Gewürze wurden in feingeschnittenem Zustand auf die beimpften Platten gestreut. Über auxanographische Bestimmungen von *Tropaeolum m.*, *Lepidium sat.* und *Allium sat.* fehlen leider genauere Angaben.

Es lag nicht im Rahmen unserer Abhandlung, die Wirkungsspektren und -prinzipien sowie Sensibilitätsgrade der verwendeten Teststämme gegen Penicillin und Aureomycin zu untersuchen. Die mit diesen Antibioticis aufgefundenen Werte sollten nur als Gegenkontrolle dienen und können naturbedingt nicht mit den Wirkungen der Hemmstoffe aus höheren Pflanzen verglichen werden. Die nicht unerheblichen Schwankungen der Größe der Hemmungshöfe mit Penicillin und Aureomycin sind sicherlich durch Empfindlichkeitsunterschiede der verschiedenen Stämme zu erklären. Durch niedrige Penicillin- und Aureomycindosen von unter 5 γ wurden merkwürdigerweise bei allen Testkeimen keine bakteriostatischen Wirkungen festgestellt.

WINTER u. M., die die Wirkung steigender Mengen von *Tropaeolum m.*-Blattbrei auf *Bact. subt.*, *Esch. coli* und *Staph. aur.* im Gastest untersuchten, konnten vornehmlich bakteriostatische Effekte beobachten, die aber erst mit 0,2 g Substanz deutlich wurden. Erst mit 2 g Blattbreieinwaage erreichte WINTER eine völlige Hemmung aller drei Testkeime bis 72 Stunden. Dagegen ist in unseren Untersuchungen die Spanne zwischen Bakteriostase und Bakterizidie bedeutend enger. In den ersten beiden Versuchen (Tab. 8 und 9) hemmte bereits 300 mg *Tropaeolum*-Blattbrei alle Keime bis 96 Stunden. Nur bei *Bact. coli* trat nach 48 Stunden wieder schwaches Wachstum ein, wie in einem Falle bei *Staph. aur.* nach 96 Stunden. Wenn auch in zwei parallellaufenden Versuchen die Bakterienstämme weniger empfindlich reagierten, so wird auch hier ebenfalls die starke bakteriostatische Aktivität von *Tropaeolum* m. im Gastest bestätigt. Die Wirkung nimmt bereits bei verhältnismäßig geringer Steigerung der Substanzeinwaage stark zu.

Dagegen trat nur ein ganz geringer Effekt von *Lepidium*-Blattbrei gegenüber unseren 5 Teststämmen in mehreren Versuchsreihen auf. Zwar zeigte *Bact. avisept.* durch 750 mg Substanzeinwaage bis 24 Stunden völlige Bakteriostase. *Staph. aur.*, *Strept. lact.*, *Salm. pull.* und *Bact. coli* vermochte die gleiche Menge nur mehr oder weniger zu hemmen. Nach 72 bzw. 96 Stunden trat wieder normales Wachstum ein. Offensichtlich ist eine antibiotische Wirksamkeit bei *Lepidium sat.* vorhanden, die, wie bei *Tropaeolum m.*, mit der Mengeneinwaage steigt, doch konnten von uns nur ganz geringe Effekte, und die auch nur in höheren Dosen festgestellt werden. Es sei auch auf unsere Lochtestversuche hingewiesen, wobei nur in einem Versuch (Tab. 1) *Lepidium sat.* gegenüber *Staph. aur.*, *Strept. lact.*, *Salm. pull.* und *Bact. coli* eine Wirkung zeigte. Gleichartige Versuche verliefen negativ. Dagegen konnte WINTER [54] mit *Lepidium sat.* teilweise stärkere Effekte im Gastest als mit *Tropaeolum m.* feststellen. Diese gegensätzlichen Beobachtungen können durch WINTER [57] selbst erklärt werden: „Es handelt sich vielmehr um signifikante Unterschiede in der Wirkungsweise, die umweltbedingt sein müssen.“ Weiter stellt WINTER [57] fest: „Der Hemmstoffgehalt von *Lepidium sat.* schwankt sehr stark und kann in wenigen Tagen von beträchtlichem Spiegel auf den Nullpunkt absinken.“ Das *Lepidium*-Material unserer Untersuchungen wurde sowohl in verschiedenen Jahreszeiten, als auch auf unterschiedliche Art aufgezogen (Filterpapier oder Pflanzkästen). Jedoch konnten die Effekte eines Versuches mit positivem Ergebnis (Tab. 1) nicht reproduziert werden.

Ein großes Wirkungsspektrum stellte WINTER [64] bei *Cochlearia arm.* fest. 16 von ihm untersuchte Stämme wurden deutlich gehemmt. Wir konnten an zwei verschiedenen *Bact. coli*-Stämmen Empfindlichkeitsunterschiede beobachten. Ebenfalls erwies sich ein *Bact. avisept.*-Stamm gegenüber *Cochlearia arm.* im Gastest als stark resistent (Tab. 16), während ein anderer (Tab. 15) ausgezeichnet ansprach. *Staph. aur.*, *Strept. lact.* und *Salm. pull.* wurden schon durch 100 mg *Cochlearia*-Wurzelbrei bakteriostatisch beeinflußt. Mit 750 mg waren diese drei Stämme in allen Kontrollzeiten völlig gehemmt.

BÖKER [1], DOLD und KNAPP [2] sprechen von sogenannten „Fernwirkungen durch die Luft". Sicher ist dies ein anderer Ausdruck für den Gastest. Sehr interessant sind in diesem Zusammenhang die Untersuchungen von DOLD und KNAPP, die starke „Fernwirkungen" *Allium sat.* hervorgerufen haben. Jedoch: „Merkwürdigerweise konnten wir aber bei den Zwiebeln keine solche Fernwirkungen feststellen, während die Fernwirkung durch Diffusion im Nährboden (Agar) bei beiden Gewürzen (Knoblauch und Zwiebeln) deutlich vorhanden waren." An Hand unserer Versuche können ebenfalls die starken bakteriostatischen bzw. bakteriziden Eigenschaften von *Allim sat.* bewiesen werden (Tab. 14), Dagegen riefen andere untersuchte *Allium*-Arten keinerlei Effekte im Gastest hervor.

Petroselium sat. und *Raphanus sat.* var. *niger* ergaben im Gastest keine positiven Wirkungen.

Auch in der Auswertung der Gastestversuche liegt naturgemäß eine Subjektivität in der Darstellung der Empfindlichkeitsunterschiede der Keimstämme, wodurch ein Vergleich der Ergebnisse mit denen anderer Autoren wesentlich erschwert wird.

Auf Grund der Indikationstestungen des *Tropaeolum*-Antibioticums von WINTER und WILLEKE [52], [54], [55], [59], WINTER [57], STICKL [40], [41], WICHER [50], GERMER [12] verwendete SCHARPENSEEL [34] dieses in Fütterungsversuchen mit Eintagsküken und Junghennen. SCHARPENSEEL verglich die Zunahmen einer Aurofac-(aureomycinhaltiges Fermentationsprodukt)Kontrollgruppe mit drei Prüfgruppen, von denen einem mit Blättern von *Tropaeolum m.*, eine mit *Cassia sophera* und die dritte mit einem aus der Fruchtlatex der *Carica papaya* gewonnenem Pflanzenferment (Papain) gefüttert wurden. Die mit *Tropaeolum*- und *Cassia*-Supplementen gefütterten Tiergruppen wiesen stärkere Wachstumszunahmen als die der Aurofac-Gruppe auf. Mit Papain dagegen erzielte SCHARPENSEEL keine Mehrzunahmen gegenüber den Aurofac-Tieren. Leider fehlen in dieser Arbeit genauere Angaben über Anzahl der Versuchstiere, Zunahmen, Futterverzehr, Verluste usw.

Auch eine andere Arbeit SCHARPENSEELS [35], die statistisch-tabellarisch durchgearbeitet ist, kann nur sehr begrenzt mit unseren Ergebnissen verglichen werden, da diese Versuche erstens unter ganz anderen Umweltbedingungen auf den tropischen Philippinen durchgeführt wurden, zum anderen die Untersuchungen durch Befall mit Pockendiphtherie vorzeitig abgebrochen werden mußten. Die Versuche wurden „in allen nur möglichen Kombinationen" vergleichsweise mit *Tropaeolum m.*, Papain und Hühnerkotextrakt, mit dem Aurofac, sowie vollwertig und nicht vollwertig ernährten Gruppen durchgeführt. Die Summen der Gewichtszunahmen der verschiedenen Gruppen von der 1. bis zur 7. Woche geben fast unwahrscheinliche Differenzen an, die zwischen der schlechtesten Gruppe mit durchschnittlich 84,8 g und der besten Gruppe (*Tropaeolum m.*) mit durchschnittlich 335,5 g liegen. Die verhältnismäßig guten Gewichte in der *Tropaeolum m.*-Gruppe ergaben sich durch eine hohe Widerstandsfähigkeit der Tiere dieser Gruppe gegen die Pockendiphtherie. Die Aurofac-Gruppe lag mit etwa 20 g unter dem Höchstwert. Acht andere Versuchsgruppen traten weit zurück. In der varianzanalytischen Auswertung durch den -Test herrschte sehr hohe Signifikanz sowohl für die Unterschiede der mittleren Gewichtszunahmen der verschiedenen Gruppen als auch für die verendeten Tiere zu den überlebenden. „Erstaunlicherweise erwies sich die Gruppe mit *Tropaeolum maius* allein als am besten." Gegen diese Ergebnisse von SCHARPENSEEL müssen allerdings von unserer Seite einige Bedenken angemeldet werden, da wohl die Untersuchungen an vielen Gruppen vorgenommen wurden, diese aber nur aus je 10 Tieren bestanden. Außerdem wurden kranke Tiere bei der Ermittlung der wöchentlichen Gewichtszunahmen ausgeschlossen. Über Futterverzehr, Verwertung, Gewichtsentwicklung und Rasse der Tiere gibt SCHARPENSEEL bedauerlicherweise keine Auskunft. Mit einer Verringerung der Versuchstierzahl pro Gruppe steigen bei Versuchen dieser Art die Fehlerquellen, die besonders aus einer naturgemäßen mehr oder weniger großen Unausgeglichenheit des Materials nach längerer Versuchsdauer folgen. Die bei der varianzanalytisch-statistischen Sicherung errechneten sehr hohen Signifikanzwerte resultieren zweifellos aus den erstaunlichen Mehrzunahmen besonders der *Tropaeolum*-Prüfgruppe von fast 90% gegenüber der Kontrolle. Es wäre angezeigt ähnliche Versuche mit größerem Tiermaterial unter gleichen Bedingungen zu wiederholen, da durch diese Untersuchungen von SCHARPENSEEL zweifellos ein ganz neuer Weg in der Geflügelernährung gewiesen wird.

Wenn auch in unseren Versuchen die Zahlen SCHARPENSEELS nicht annähernd erreicht wurden, so waren durch *Tropaeolum m.*, *Allim cepa* und durch das in vitro weniger wirksame *Lepidium sat.* bedeutende Effekte in der Wachstumssteigerung und der Verlustminderung zu beobachten. Sehr interessant ist in diesem Zusammenhang eine Arbeit von SCHARPENSEEL u. M. [36] über die Behandlung von Geflügelviruskrankheiten mit Antibioticis aus Blütenpflanzen, die große Perspektiven eröffnet.

Einen offensichtlich schädigenden Einfluß von *Allim sat.* auf Wachstum und Gesundheitszustand von Küken beweist IWANOW [67]. Durch eine große Individuenzahl von 156 Tieren pro Gruppe kann auf gesicherte Ergebnisse geschlossen werden. IWANOW steigerte in einer Versuchsgruppe (I) die Knoblauchmenge vom 5. bis 20. Versuchstag von 1 g bis 3 g täglich. Eine parallele Versuchsgruppe (II) erhielt den doppelten Knoblauchzusatz. In dieser zweiten Versuchsgruppe war eine Verminderung der Freßlust und ein allmählicher Entwicklungsrückgang zu beobachten. Das Durchschnittsgewicht der Versuchsgruppe I lag nach 3 Wochen um 10 g über der Kontrolle, während die Versuchsgruppe II nur 1 g im Mittel mehr wog. Dagegen lagen die Verlustprozente eindeutig am niedrigsten in der Knoblauchgruppe I mit 5,7%, wohingegen die Kontrolle 16,5% Abgänge aufwies. Auch die Versuchsgruppe II mit Verlusten von 10,2% lag noch unter dem Wert der Kontrolle.

In den Kükenwachstumsversuchen konnten wir in einer *Allium sat.*-Gruppe keine Mehrzunahmen gegenüber der Kontrolle feststellen. Lediglich in der 4. und 5. Versuchswoche zeigte die *Allium sat.*-Gruppe geringe Wachstumseffekte. Eine deutliche Senkung der Verluste konnte nicht beobachtet werden. In einem *Salmonella pullorum*-Therapie-Versuch konnten GERRIETS und BROSELL [18] eine offensichtliche Schädigung durch 2 g *Allium sat.* pro Tier und Tag beweisen. Verluste von 58% in der Kontrolle standen einer Mortalität von 74% in der *Allium sat.*-Prüfgruppe gegenüber. Diese negativen Einflüsse von *Allium sat.* könnten durch eine zu hohe Dosierung eine Erklärung finden, da bereits kleinste Mengen *Allium sat.* in vitro stark bakteriostatisch wirken und in den verabreichten Mengen so in vivo eine Störung der Bakterienflora des Darmes hervorrufen könnten.

WINTER, BOEGER und WESTERHOFF [66] gelang es in Schweinemastversuchen eine Senkung des Eiweißverbrauches um 14,3% mit antimikrobischen Wirkstoffen aus *Tropaeolum m.* zu erreichen. In unseren Kükenwachstumsversuchen erschienen ebenfalls niedrigere Verwertungszahlen, sowohl für verdauliches Eiweiß als auch für die Gesamtnährstoffe, gegenüber den Kontrollen, nur in der *Allium sat.*-Gruppe war die Verwertung verschlechtert.

Durch umfangreiche Kükenwachstumsversuche von GERRIETS u. M. [14] bis [17] mit Penicillin, Aureomycin und Terramycin sind wir in der Lage, die Ergebnisse anderer Arbeiten mit einer gewissen Sicherheit zu vergleichen. Zum anderen ist die Möglichkeit einer Gegenüberstellung von Wachstumseffekten mit den bekannten Antibioticis und den bakterienhemmenden Wirkstoffen aus höheren Pflanzen gegeben, da alle Versuche mit Tiermaterial gleicher Abstammung und unter gleichen Umweltbedingungen (Stallungen, Ausläufe, Beheizung, Fütterung) durchgeführt wurden. Die Futterzusammensetzung erfuhr nur eine ganz geringe Umstellung.

Nach den allgemeinen Angaben der Lehrbücher werden durch Beimischung von 10 mg eines Antibioticums zum Kilogramm Futtermittel Gewichtszunahmen von 7—18% erzielt, gleichzeitig rechnet man mit einer Verkürzung der Mastdauer um 15% und einer Verbesserung des Futterverzehrs. GERRIETS [14] konnte beobachten, „daß die wachstumsfördernde Wirkung der Antibiotica in reziproker Abhängigkeit zu den veterinärhygienischen Verhältnissen steht". D. h. je schlechter das hygienische Milieu, unter dem die Tiere gehalten werden, desto bessere Effekte sind mit den Antibioticis zu erwarten. Dagegen beweisen HILL und KELLY [21], daß bei Küken auch in neuen Stallungen mit neuer Einrichtung eine Wachstumswirkung erzielt wird, falls große Mengen von Antibiotica gegeben werden.

Scheinbar sind aber die Wirkungen der Antibiotica nicht nur milieubedingt, sondern außerdem noch abhängig von unbekannten Faktoren. Nur dadurch ist es zu erklären, daß in 15 unter gleichen Bedingungen durchgeführten Versuchen an etwa 6000 Küken in Gruppen zu je 100 Tieren, GERRIETS teils größere, zum anderen aber auch keine Wirkungen durch oben genannte Antibiotica beobachten konnte. Die erwähnten Gewichtszunahmen sind also keinesfalls die Regel.

WACKER u. M. [45], [46] zeigen bedeutende wachstumssteigernde Einflüsse von aktivem und inaktiviertem Penicillin in Dosen bis zu 60 mg pro Kilogramm bei Hühnerküken. WACKER u. M. geben weder die genaue prozentuale Zusammensetzung ihrer Versuchsgruppen, noch die Anzahl der verwendeten Tiere an. Zwar können an Hand der Zahlen der überlebenden Tiere verhältnismäßig starke Schwankungen in der Mortalität der einzelnen Gruppen festgestellt werden, doch ist ohne Angabe des Anfangswertes eine Berechnung der Verlustquote der Versuchsgruppen in bezug auf die Kontrollen nicht möglich. Unterschiedliche Rassen und Kreuzungen innerhalb der Gruppen können bei den Versuchen von WACKER u. M. kein einheitlich ausgeglichenes Tiermaterial ergeben.

Unsere Wachstumsversuche mit Antibioticis aus höheren Pflanzen wurden bewußt unter völlig gleichen Umweltbedingungen, wie Versuche von GERRIETS [15] in den Jahren 1955 und 1956 mit handelsüblichen Antibioticis durchgeführt. Vergleiche der Werte dieser Untersuchungen zu gleichen Zeiten in verschiedenen Jahren sind also unter gewissen Vorbehalten akzeptierbar (Tab. 31).

Die Mehrzunahmen, die durch Zufütterung von Penicillin, Aureomycin oder Terramycin erreicht wurden, sind also größenordnungsmäßig mit den Effekten der Wachstumsversuche mit antibioticahaltigen höheren Pflanzen zu vergleichen. Nur in einem Falle konnte eine Mehrzunahme der Aureomycin-Gruppe von 11,9% zur Kontrolle beobachtet werden. In drei anderen Versuchen mit dem gleichen Antibioticum war die Wirkung weit geringer. Als bestes Futtersupplement erwies sich in den Versuchen von GERRIETS [14]—[17] das Penicillin. Durch 10 mg/kg Penicillin wurde in einem vorliegenden Versuch eine Mehrzunahme von 12,3% gegenüber der Kontrolle erreicht. Das Terramycin konnte die Gewichtsentwicklung kaum beeinflussen.

In unseren Wachstumsversuchen mit wirkstoffhaltigen höheren Pflanzen wurden durch *Lepidium sat.* 11,6% und *Allium cepa* (Blätter) 8,5% Mehrzunahmen gegenüber der Kontrolle erzielt. Dagegen konnte durch *Tropaeolum m.* nur in einem Versuch eine Mehrzunahme von 7,6% beobachtet werden. *Allium sat.* beeinflußte die Gewichtsentwicklung nicht. Die Pflanzenzusätze wurden in Mengen von 1—4 g pro Tier und Tag gegeben. Die beste Futterverwertung wurde in der *Allium schoe.*- und der *Allium cepa*-(Blätter-)Gruppe errechnet. Für alle Versuchsgruppen lagen die Verwertungszahlen für 100 g Gewichtszunahme unter den Werten der Kontrolle. Lediglich die *Allium sat.*-Gruppe hatte schlechter verwertet. In den Versuchen von GERRIETS war dagegen eine deutliche Verbesserung der Verwertung nur durch Penicillin und in einem Falle durch Aureomycin angezeigt.

Die Tab. 31 zeigt, daß es durch unterschwellige Penicillin- und Aureomycindosen nicht gelingt, die Aufzuchtverluste zu senken. In zwei Versuchen waren

TABELLE 31

Wachstumsversuche mit handelsüblichen Antibioticis

	1. Versuch je 100 Ital. Küken pro Gruppe				2. Versuch je 100 Ital. Küken pro Gruppe		3. Versuch je 100 Rhodel. Küken pro Gruppe		4. Versuch je 100 Ital. Küken pro Gruppe	
	Kontrolle	Penicillin 10 mg/kg	Aureomycin 10 mg/kg	Terramycin 10 mg/kg	Kontrolle	Aureomycin 10 mg/kg	Kontrolle 10 mg/kg	Aureomycin 10 mg/kg	Kontrolle	Aureomycin 10 mg/kg
Ø Einsatzgewicht in g	35,5	36,7	36,9	36,6	40,1	40,0	40,0	40,6	39,8	39,5
Ø 8-Wochengewicht in g	481,6	537,7	498,5	490,0	471,9	523,4	526,2	553,1	510,1	513,2
Insgesamt Zunahme	446,1	501,0	461,6	453,3	431,8	483,3	485,3	512,5	470,3	473,7
Mehrzunahme in % zur Kontrolle		12,3	3,4	1,6		11,9		5,6		0,7
Futterverzehr pro Tier	1672,7	1693,9	1667,2	1673,0	1475,4	1491,1	1637,8	1726,0	1553,7	1590,3
Verwertungsz. für 100 g Gewichtszunahme verd. Eiw.	47,2	42,6	46,4	47,5	57,1	51,5	56,4	56,2	55,2	56,1
ges. Nährst.	217,9	196,4	214,1	219,1	230,6	208,3	227,8	227,3	223,0	226,6
p-Wert		0,001	0,3	0,6		0,001		0,1		0,1
Verlust in %	0	1	2	3	2	3	8	12	3	2

Wachstumsversuch mit antibioticahaltigen höheren Pflanzen

	1. Versuch je 100 Ital. Küken pro Gruppe				2. Versuch je 100 Rhodel. Küken pro Gruppe				
	Kontrolle	*Allium schoe.*	*Trop. m.*	*Lep. sat.*	Kontrolle	*Trop. m.*	*All. cepa* (Zwiebel)	*All. sat.*	*All. cepa* (Blätter)
Ø Einsatzgewicht in g	37,6	37,7	37,8	37,7	40,4	40,5	40,5	40,5	40,5
Ø 8-Wochengewicht in g	462,2	479,3	464,3	411,6	409,8	440,4	414,8	408,0	449,9
Insgesamt Zunahme	424,6	441,6	426,5	473,9	369,4	399,9	374,3	367,5	409,4
Mehrzunahme in % zur Kontrolle		4	0,4	11,6		7,6	1,3	0,5	8,5
Futterverzehr pro Tier	1373,8	1320,0	1342,7	1473,5	1301,4	1379,8	1296,2	1298,0	1348,0
Verwertungsz. für 100 g Gewichtszunahme verd. Eiw.	47,7	44,0	46,4	45,8	51,9	50,8	51,0	52,0	48,5
ges. Nährst.	202,0	186,7	196,6	194,2	220,0	215,5	216,3	220,6	205,6
p-Wert		0,3	0,9	0,01		0,02	0,7	0,9	0,001
Verluste in %	4	6	5	6	15	1	4	14	6

in den Prüfgruppen mehr Abgänge zu verzeichnen als in ihren Kontrollen. Zu einem Vergleich mit unseren Beobachtungen kann besonders der mit einer unbeabsichtigt eingeschleppten Aufzuchtkrankheit der Coccidiose befallene Versuch herangezogen werden. Die ständige Zufütterung von wirkstoffhaltigen höheren Pflanzen hat offensichtlich den Krankheitsverlauf günstig beeinflußt. Verlusten von 15% in der Kontrollgruppe stehen Abgänge von 1% in der *Tropaeolum*-Gruppe, 4% und 6% in den *Allium cepa*-Gruppen gegenüber. *Allium sat.* vermochte die Coccidiose nicht zu beeinflussen.

Im Endresultat der mathematisch-statistischen Berechnungen geben die *t*-Werte und damit die Überschreitungswahrscheinlichkeit *p* keine genaue Auskunft über die Höhe der Mehrzunahmen der Prüfgruppen zu den Kontrollen, da bei der Berechnung von *t* das Subtraktionsergebnis der Mittelwerte zweier Vergleichsgruppen durch die Streuung um den Mittelwert der Endgewichte der beiden Gruppen dividiert wird. Der *t*-Wert ist dadurch also nicht nur abhängig von einer Mehrzunahme der Prüfgruppe, sondern auch von der Streuung um den Mittelwert, die den Grad der Variabilität der Versuchstiere anzeigt. Durch diese Überlegung ist die scheinbare Inkonsequenz besonders in zwei Gruppen unserer Versuche zu erklären. Im 1. Versuch wurde in der *Lepidium sat.*-Gruppe eine Mehrzunahme von 11,6% zur Kontrolle errechnet, während die *Allium cepa*-(Blätter-)Gruppe im 2. Versuch nur eine Mehrzunahme von 8,5% gegenüber der Kontrolle aufwies. Vergleichen wir die *p*-Werte dieser beiden Gruppen miteinander, so stellen wir fest, daß die *Lepidium*-Gruppe mit einem größeren Wachstumseffekt statitisch schwach gesichert ist, dagegen existiert im zweiten Falle bei einer Mehrzunahme von nur 8,5% ein sehr gut gesicherter Unterschied. Da die Entwicklung der einzelnen Tiere in den Gruppen von vielen noch unbekannten Faktoren abhängt, kann auch bei offensichtlich gleichen Umweltbedingungen nach einer längeren Versuchsdauer nicht mit einem einheitlich ausgeglichenen Material gerechnet werden. Dadurch ergibt sich aber bei der statistischen Auswertung der Versuche die Möglichkeit, daß der Unterschied einer Versuchsgruppe mit einer größeren Mehrzunahme weniger stark statistisch gesichert ist, als eine andere mit einem geringeren durchschnittlichen Wachstumseffekt, die aber eine bessere Ausgeglichenheit des Tiermaterials aufweist. Eine Erhöhung der Individuenzahl auf 200 pro Gruppe würde zweifellos diese Gegensätze besser ausgleichen, doch wären für solche Versuche besondere Verhältnisse unerläßlich.

Über Entenmastversuche mit antibioticahaltigen höheren Pflanzen liegen keine Arbeiten vor. Mehrzunahmen bis zu 11% und bedeutende Verbesserungen der Futterverwertung erreichte NOWAK [29] bei Terramycinzufütterung an Enten. Jedoch findet sich bei anderen Autoren keine Bestätigung dieser Ergebnisse. Eine Beifütterung von Antibiotica wird bei Enten allgemein als zwecklos bezeichnet.

In unserem Versuch C konnte durch 10 mg/kg Terramycin lediglich die Futterverwertung geringfügig verbessert werden. Wachstumseffekte wurden nicht beobachtet. Durch eine Zusatzfütterung von *Tropaeolum m.*, *Lepidium sat.* und *Allium sat.* konnten in drei Entenversuchen Mehrzunahmen gegenüber den Kontrollen erzielt werden. Im Versuch D erreichte die *Tropaeolum*-Gruppe eine Mehrzunahme von 102,8 g, d. h. 4,6% in 8 Wochen, gegenüber der Kontrolle bei einer gleichzeitigen Senkung des Futterverbrauches. Die übrigen Prüfgruppen lagen unter 3% Mehrzunahme. Weitere Versuche mit größeren Pflanzengaben könnten Aufschluß über die Zweckmäßigkeit der Zufütterung von antibioticahaltigen höheren Pflanzen bei der Entenmast bringen.

Abschließend ist festzustellen, daß bei Verfütterung hemmstoffhaltiger höherer Pflanzen in Geflügelwachstumsversuchen etwa gleiche Zunahmen erreicht werden, wie durch die nutritive Anwendung von Antibiotica. Besonders ist aber auf die gleichzeitige Senkung der Verluste hinzuweisen, da die wichtigsten Aufzuchtkrankheiten, wie Coccidiose und weiße Ruhr durch wirkstoffhaltige Blütenpflanzen im günstigen Sinne beeinflußbar sind.

IV. Zusammenfassung

Eine Reihe hemmstoffhaltiger höherer Pflanzen wurde gegenüber geflügelpathogenen Keimstämmen — *Staph. aur.*, *Strept. lact.*, *Bact. coli*, *Bact. avisept.*, *Salm. pull.* — getestet. Die Untersuchungen wurden nach Methoden des Loch- und des Gastestes durchgeführt, die Gegenkontrollen mit Penicillin und Aureomycin vergleichend geprüft.

Die besten Ergebnisse waren mit *Allium sativum*, *Tropaeolum maius*, *Allium schoenoprasum* und *Allium cepa* erzielt worden. In Abhängigkeit von der unterschiedlichen Sensibilität der Keimstämme war die in vitro-Wirkung eines antibioticahaltigen Pflanzenbreies durchaus mit der von Penicillin und Aureomycin zu vergleichen. Die Hemmungsintensität von *Allium sat.* und *Tropaeolum m.* gegenüber allen fünf Testkeimen erwies sich der der handelsüblichen Antibiotica als überlegen. Die genauen Hemmungswerte werden durch Tabellen ausgewiesen. Die Schwankungen zwischen den einzelnen Versuchen sind durch Empfindlichkeitsunterschiede der benutzten Teststämme erklärbar. Mit *Cochlaria armoracia*, *Lepidium sativum* und *Raphanus sativus* var. *niger* konnten nur geringe, bzw. nur auf bestimmte Keime beschränkte, Effekte festgestellt werden. Durch *Petroselinum sativum* und *Apium graveolens* war keiner der Stämme zu beeinflussen.

Die von uns untersuchten höheren Pflanzen enthalten zum Teil hochaktive antibiotisch wirksame flüchtige Hemmstoffe mit großen Wirkungsspektren. Der Gastest beruht auf der Diffusion dieser flüchtigen Stoffe durch die Luft. Die verwendeten Testplatten hatten einen Rauminhalt von etwa 200 cm^3. Die beimpfte Agarschicht wurde mit Mengen von 50—750 mg Pflanzenbrei begast. Es wurden durch *Tropaeolum m.* und *Allium sat.* starke bakteriostatische bzw. bakterizide Effekte im Gastest gegenüber allen untersuchten Keimen beobachtet. Die Wirkung nahm schon bei geringer Steigerung der Substanzeinwaage stark zu. Überraschenderweise waren andere *Allium*-Arten im Gastest völlig inaktiv. Während durch *Cochlearia arm.* alle Keimstämme mehr oder weniger beeinflußbar waren, sprach *Lepidium sat.* auch in hohen Konzentrationen nur schwach an.

In vergleichenden Wachstumsversuchen an insgesamt 900 Hühnerküken konnten bei Zufütterung geringer Mengen antibioticahaltiger höherer Pflanzen bedeutende Wachstumseffekte erzielt werden. Die Mehrzunahmen von 11,6% durch *Lepidium sat.*, von 8,5% durch *Allium cepa* (Blätter) und in einem Falle von 7,6%

durch *Tropaeolum m.* gegenüber den Kontrollgruppen sind mit den Wachstumssteigerungen, die durch handelsübliche Antibiotica erreicht werden, vergleichbar. In allen Versuchsgruppen waren die Mehrzunahmen durch eine bessere Futterverwertung erzielt worden. Die mathematisch-statistische Auswertung der Ergebnisse ergab gesicherte Unterschiede für die *Allium cepa* (Blätter) und die *Lepidium sat.*-Gruppe zur Kontrolle. In den in vivo Versuchen erwies sich *Allium sat.* als wirkungslos.

Die Möglichkeiten einer Coccidiose- und Pullorumprophylaxe (GERRIETS, BROSELL [18]) durch Wirkstoffe höherer Pflanzen werden aufgezeigt.

Die Wachstumseffekte bei der Entenmast mit den Versuchspflanzen erwiesen sich als weniger überzeugend. Durch *Tropaeolum m.* wurde in einem Versuch eine Mehrzunahme von 4,6% gegenüber der Kontrolle festgestellt.

Die antibioticahaltigen höheren Pflanzen stellen leicht anzubauende billige Zusätze dar, deren Wirkstoffe in Form natürlicher Futtermittel verabreicht werden können. Weitere Versuche müssen zeigen, inwieweit die Beifütterung industrieller Antibiotica auf ein Mindestmaß beschränkt werden kann. Diese Antibiotica gehören in erster Linie in die Hand des therapierenden Arztes und es erscheint in höchstem Grade bedenklich, diese konzentrierten bakterienhemmenden Arzneimittel in subtherapeutischen Dosen als Futtersupplemente auf den Markt zu bringen.

Резюме

Исследовалось действие ряда высших растений, содержащих тормозящие вещества на патогенные для домашней птицы штаммы микробов — *Staph. aur.*, *Strept. lact.*, *Bact. coli*, *Bact. avisept.*, *Salm. pull.* Исследования проводились по методам дырочного и газового испытания (Loch- und Gastest) для контроля использовали пенициллин и ауреомицин и сравнивали результаты.

Самые лучшие результаты получены с *Allium sativum*, *Tropaeolum maius*, *Allium schoenoprasum* и с *Allium cepa*. В зависимости от различной чувствительности микробных штаммов, действие in vitro содержащей антибиотики кашицы растений было вполне сравнимо с действием пенициллина и ауреомицина. Интенсивность торможения, исходящего от *Allium sat.* и *Tropaeolum m.* в отношении всех пяти подопытных микробов оказалась выше интенсивности торможения свойственного обычным антибиотикам. Точные данные о торможении показаны в таблице. Колебания между отдельными опытами объясняются различной чувствительностью использованных штаммов испытания. При использовании *Cochlearia armoracia*, *Lepidium sativum* и *Raphanus sativus* var. *niger* отмечены только незначительные эффекты или же эффекты, полученные только на определенных микробах. Применением *Petroselinum sativum* и *Apium graveolens* нельзя было воздействовать ни на один штамм.

Исследованные нами высшие растения содержат отчасти высокоактивные, летучие, тормозящие вещества с широким спектром действия. Испытание газом основано на диффузии этих летучих веществ через воздух. Использованные для испытания плиты имели емкость в 200 см³. Инфицированный слой агара обрабатывался газами от 50—750 мг. кашицы растений. При использовании *Tropaeolum m.* и *Allium sat.* в газовом тесте наблюдались сильные бактериостатические или бактерицидные эффекты по отношению ко всем исследованным микробам. Действие значительно усилилось уже при незначительном увеличении количества вещества. Поражает то, что другие виды *Allium* оставались при испытании газом полностью инактивными. В то время как *Cochlearia arm.* оказала более или менее сильное действие на все штаммы микробов, действие *Lepidium sat.* было слабое, даже при высоких ее концентрациях.

В сравнительных опытах роста, произведенных на 900 цыплятах прикормкой незначительных количеств содержащих антибиотики растений, получены значительные ростовые эффекты. Прирост в размере 11,6% полученный от подкормки *Lepidium sat.*, 8,5% от подкормки *Allium cepa* (листья) и в одном случае 7,6% от подкормки *Tropaeolum m.* отвечает приросту в контрольных группах, полученному в результате использования обычных антибиотиков. Во всех подопытных группах прирост получен благодаря лучшему использованию кормов. Математическо-статистическое обобщение результатов выявило значимые разницы в пользу групп цыплят, получивших *Allium cepa* (листья) и *Lepidium sat.* по сравнению с контролем. В опытах in vivo, *Allium sat.* оказался недейственным.

Указывается на имеющиеся возможности профилактики кокцидиоза и пуллорума (GERRIETS, BROSSEL [18]) путем использования действующих начал высших растений.

Ростовые эффекты при откорме уток с подопытными растениями оказались мало убедительными. Использованием *Tropaeolum m.* получен в одном опыте прирост в 4,6% по сравнению с контролем.

Высшие растения содержащие антибиотики, являются легко возделываемыми дешевыми добавками, действующие начала которых можно использовать в качестве естественных кормов. Дальнейшие опыты должны показать, насколько скармливание обычных антибиотиков может быть доведено до минимума. Эти антибиотики должны в первую очередь находиться в руках лечащего врача. Крайние опасения вызывает введение в свободную продажу этих концентрированных бактериостатических медикаментов в субтерапевтических дозах в качестве добавок к кормам.

Summary

A number of higher plants containing inhibitory substances were tested as against poultry-pathogenic microbial strains — *Staph. aur.*, *Strept. lact.*, *Bact. coli*, *Bact. avisept.*, *Salm. pull.* The investigations were undertaken according to the methods of the hole-and gas test, the counter-controls were comparatively examined with penicillin and aureomycin.

The best results were obtained with *Allium sativum*, *Tropaeolum maius*, *Allium schoenoprasum* and *Allium cepa*. Depending upon the varying sensibility of microbial strains, the in-vitro effect of a plant pulp containing antibiotics could be compared by all means with that of penicillin and aureomycin. The inhibitory intensity of *Allium sat.* and *Tropaeolum m.* proved to be superior to commercial antibiotics as compared with all five test-microbes. The exact values of inhibition are tabulated. The variations between the individual experiments are explainable by differences in the sensibility of the applied microbial strains. With *Cochlaria armoracia*, *Lepidium sativum* and *Raphanus sativus* var. *niger* only low effects — or only upon certain microbes — could be noted. By *Petroselinum sativum* and *Apium graveolens* none of the strains could be affected.

The higher plants investigated by us contain in part highly active, antibiotically effective volatile inhibitory substances with great spectra of action. The gas test is based upon the diffusion of these volatile substances by air. The volume of the test plates used amounted to about 200 cm³. The inoculated agar-layer was subjected to gas with plant pulp at quantities of 50—750 mg. Great bacteriostatical or bactericidal effects were observed in the gas test by *Tropaelum m.* and *Allium sat.* as against all microbes examined. The effect increased greatly already with a slight raising of the substance sample. The other *Allium*-species were completely inactive during the gas test. While all microbial strains were more or less affected by *Cochlearia arm.*, *Lepidium sat.* gave only a slight response even in higher concentrations.

In comparative experiments of growth made with altogether 900 chickens, considerable effects of growth could be obtained when small quantities of higher plants containing antibiotics have been apportioned. The surplus weights of 11,6% by *Lepidium sat.*, of 8,5% by *Allium cepa* (leaves) and in one case of 7,6% by *Tropaeolum m.* as against the control groups are comparable with the increases in growth obtained by commercial antibiotics. In all experimental groups the surplus weights were obtained by a better food conversion. The mathematical-statistical evaluation of the results showed significant differences for the *Allium cepa*-(leaves) and the *Lepidium sat.*-group as compared with the control. During the in vivo-experiments, *Allium sat.* proved to be inactive.

The possibilities of a coccidiosis- and pullorum-prophylaxis (GERRIETS, BROSELL [18]) by effective substances of higher plants are mentioned.

At the fattening of ducks with experimental plants, the effects of growth were less convincing. By using *Tropaeolum m.* in one experiment, a surplus yield of 4,6% could be noted as against the control.

Higher plants containing antibiotics represent cheap supplements which may be easily cultivated and the effective substances of which can be applicated in form of a natural feeding stuff. Further experiments have to show as to what extent the supplemental feeding of industrial antibiotics may be minimized. These antibiotics ought to be in the hands of a therapeutic surgeon and the selling of these concentrated bacteria-inhibiting drugs in subtherapeutic dosages as a supplemental feeding appears extremely doubtful.

Literaturverzeichnis

[1] BÖCKER, O. E.: Über die keimtötende Wirkung des Knoblauchs (*Allium sativum*). Zeitschr. f. Hyg. 121, 166 (1938).
[2] DOLD, H., A. KNAPP: Über die antibakterielle Wirkung von Gewürzen. Zeitschr. f. Hyg. 131, 696 (1948).
[3] EBBEL, H.: Der Einfluß einer Beigabe von Methionin und eines Terramycinproduktes auf das Kükenwachstum. Arch. f. Geflknd. 145 (1953).
[4] EBBEL, H.: Weitere Untersuchungen über den Einfluß eines Terramycinproduktes auf das Kükenwachstum. Arch. f. Gflknd. 184 (1954).

[5] EBBEL, H.: Weitere Untersuchungen über den Wachstumseffekt verschiedener Wirkstoffe im praktischen Mastbetrieb. Arch. f. Geflknd. 289 (1956).
[6] FANGAUF, R.: Der Einsatz von Mineralstoffen, Vitaminen und Antibiotica in den Mischfuttermitteln für Geflügel. Arch. f. Geflknd. 471 (1955).
[7] FERRANDO, R.: Hormones, antihormones et antibiotiques dans l'alimentation des volailles. Ann. nutr. et de l'aliment., Vol. VIII, 359 (1954).
[8] FERRANDO, R.: Les Antibiotiques dans alimentation des poules pondeuses. Rev. Méd. Vét. Vol. CVI, 130 (1955).
[9] FERRANDO, R., A. DAUMIN: Les antibiotiques dans l'alimentation du canard. Bull. l'acad. vét. Fr. Vol. XXIX, 3 (1956).
[10] FISHER, YATES: Statistical Tabels. 4. Aufl. Edinburgh, London 1953: Verlag Oliver Body.
[11] FREERKSEN, E., R. BOENICKE: Über antibakterielle Prinzipien in höheren Pflanzen I. Zeitschr. f. Hyg. 134, 417 (1951).
[12] GERMER, W. D.: Ein neues Präparat für die antibiotische Therapie auf pflanzlicher Grundlage. Dtsch. med. Wschr. 79, 1445 (1954).
[13] GERRIETS, E., C. WERNER, H. STAHL: Experimentelle Untersuchungen über die gesundheitsfördernden Eigenschaften der Altstreuverfahren bei der Kükenaufzucht. Arch. f. Geflknd. 459 (1954).
[14] GERRIETS, E., H. STAHL: Vergleichende Kükenwachstumsversuche mit dem Animal Protein Factor-Antibiotica-Vitamin-B_{12}-Komplex. Monatsh. f. Vet. med. 5, 97 (1955).
[15] GERRIETS, E.: Unveröffentlichte Versuchsergebnisse (1955, 1956).
[16] GERRIETS, E.: Aureomycin ad us. vet. als Futtersupplement in der Kükenaufzucht. Berl. Münch. Tierärztl. Wschr. 1, 9 (1956).
[17] GERRIETS, E., R. BOBSIEN: Vergleichende Kükenwachstumsversuche mit Antibiotica der Penicillin- und Tetracyclingruppe. Monatsh. f. Vet.med. 4, 78 (1956).
[18] GERRIETS, E., H. J. BROSELL: Therapieversuche an Küken bei experimenteller *S. pullorum*-Infektion mit wirkstoffhaltigen höheren einheimischen Pflanzen. Berl. Münch. Tierärztl. Wschr. (im Druck) (1957).
[19] HALBEISEN, TH.: Untersuchungen über antibiotische Wirkstoffe höherer Pflanzen in Kombination mit anderen Antibiotica in vitro. Die Natw. 3, 62 (1956).
[20] HENNEBERG, G.: Antibiotische Stoffe, Zentralbl. f. Bakt. 155 (Orig.), 76 (1950).
[21] HILL, C. H., J. W. KELLY: The effekt of antibiotics on the growth of chicks raised in new quarters. J. Nutr. 51, 463 (1953).
[22] KLESSE, P., P. LUKASCHEK: Untersuchungen über die bakteriostatische Wirksamkeit einiger Senföle. Arzneimittelforschung 5, 505 (1955).
[23] KLOSA, J.: Antibiotica. 1. Aufl. Verlag Technik, Berlin. (1952).
[24] KOLLATH W.: „Antibiotica" als Futtermittel. Mitt. D. L. G. 19 (1954).
[25] LEDERLE: Mitteilungen für Tierhaltung. Heft 2 (1954).
[26] LEDERLE: Mitteilungen für Tierhaltung. Heft 8 (1955).
[27] LEDERLE: Mitteilungen für Tierhaltung. Heft 10 (1955).
[28] LENKEIT, W., M. BECKER, E. WOLDAN, E. LANGNAU: Untersuchungen über Fischextrakt, bzw. Fischbrühe. Journ. f. Landw. 87, 275 (1940).
[29] NOWAK, H.: Entenmast mit Terramycin und Vigofac. Arch. f. Geflknd. 35 (1956).
[30] OSBORN, E. M.: Brit. Journ. exp. Path. 24, 227 (1943).
[31] RICKES, E. L., N. G. BRINK, F. R. KONUISZIG, T. R. WORD, K. FOLKERS: Poultry Sci. 107, 396 (1948).
[32] RITZERFELD, W., L. ROOS: Vergleichende Untersuchungen über zwei verschiedene Methoden zur Prüfung der Bakterienresistenz mit vier antibiotischen Mitteln. Arch. f. Hyg. u. Bakt. 8, 610 (1956).
[33] RÖMER, R.: Nutzbringende Geflügelwirtschaft. 3.—5. Aufl. Stuttgart 1953: Verlag Eugen Ulmer.
[34] SCHARPENSEEL, H. W.: Über einige neue Probiotica und Antibiotica in der Geflügelernährung. Arch. f. Geflknd. 380 (1955).
[35] SCHARPENSEEL, H. W.: Über betriebseigene Futtersupplemente und ihre Bedeutung bzw. Wachstumsbeschleunigung und Ersparnis tierischen Eiweißes in der Hühnerhaltung. Landw. Forsch. 1, 31 (1956).
[36] SCHARPENSEEL, H. W., R. ACEVEDO, A. B. ROCHA, B. R. RABANG: Einiges über Verteilungs- und Organaffinitätsstudien mit Radiopapain (S^{35}) und Radiotromalyt (S^{35}), sowie die Behandlung von Geflügelviruskrankheiten mit Papain und Antibiotica aus Blütenpflanzen (im Druck). (1957).
[37] SCHÜRCH, A.: Die Verwendung von Antibiotica-Vitamin B_{12}-Präparaten in der Tierernährung. Schweiz. Landw. Monatsh. 9/10—11 (1953).

[38] SMITH, E. L.: Purification of anti-pernicious anaemia factors from liver. Nature, 161, 638 (1948).
[39] STAHL, W., E. FRIEDRICHS: Versuche mit eingedickter Fischbrühe (Fischextrakt) in der Schweinemast. Journ. f. Landw. 87, 290 (1940).
[40] STICKL, H.: Über eine antibiotisch wirksame Pflanzensubstanz. Dtsch. med. Wschr. 79, 1722 (1954).
[41] STICKL, H.: Experimentelle und klinische Erfahrungen mit einem neuen pflanzlichen antimikrobisch wirkenden Mittel. Die Therapiewoche, 5/6, 128 (1954).
[42] STOKSTAD, E. L. R., TH. H. YUKES, J. PIERCE, A. C. PAGE: The multiple nature of the Animal Protein Factor. Journ. Biol. Chem. 108, 647 (1949).
[43] STOKSTAD, E. L. R., TH. H. YUKES: Effect of various levels of vitamin B_{12} upon growth response produced by aureomycin in chicks. Proc. Soc. exp. Biol. Med. 73, 523 (1950).
[44] STOKSTAD, E. L. R.: Antibiotics in Animal Nutrition Physiological Reviews, Vol. 34, 1 (1954).
[45] WACKER, A., W. HEYL, H. BÜECHL, H. J. HOLTHOFF: Antibiotica als Heilmittel bei Tieren I. Arzneimittelforschung 12, 702 (1955).
[46] WACKER, A., W. HEYL, H. BÜECKL, H. J. HOLTHOFF: Antibiotica als Heilmittel bei Tieren II. Arzeimittelforschung 6, 712 (1956).
[47] WAIBEL, P. E., O. J. ABBOTT, C. A. BAUMANN, H. R. BIRD: Disappearance of the growth response of chicks to dietary antibiotics in an „Old" environment. Poultry Sci. 33, 1141 (1954).
[48] WALTER, A. M., L. HEILMEYER: Antibiotica-Fibel. Stuttgart 1954: Georg Thieme Verlag.
[49] WEBER, E.: Grundriß der biologischen Statistik. 1. Aufl. Jena 1950: Verlag Gustav Fischer.
[50] WICHER, W.: Antibiotische Wirkstoffe der Kapuzinerkresse (Tromalyt) als Heilmittel in der Urologie. Die Medizinische 36, 1215 (1954).
[51] WINTER, A. G., L. WILLEKE: Untersuchungen über Antibiotica aus höheren Pflanzen und ihre Bedeutung für die Bodenmikrobiologie und Pflanzensoziologie. Die Natw. 38, 262 (1951).
[52] WINTER, A. G., L. WILLEKE: Untersuchungen über Antibiotica aus höheren Pflanzen. (II. Mitt.) Die Natw. 38, 354 (1951).
[53] WINTER, A. G., L. WILLEKE: Untersuchungen über Antibiotica aus höheren Pflanzen. (III. Mitt.) Die Natw. 38, 457 (1951).
[54] WINTER, A. G., L. WILLEKE: Untersuchungen über Antibiotica aus höheren Pflanzen. (IV. Mitt.) Die Natw. 39, 45 (1952).
[55] WINTER, A. G., L. WILLEKE: Untersuchungen über Antibiotica aus höheren Pflanzen. (VI. Mitt.) Die Natw. 39, 236 (1952).
[56] WINTER, A. G.: Die Heilpflanzen des Matthiolus (1611) gegen Infektionen der Harnwege und Verunreinigung der Wunden bzw. zur Förderung der Wundheilung im Lichte der Antibioticaforschung. Madaus Jahresber. 1952, 7 (1952).
[57] WINTER, A. G.: Untersuchungen über die flüchtigen Antibiotica aus der Kapuziner- (*Tropaeolum maius*) und Gartenkresse (*Lepidium sativum*) und ihr Verhalten im menschlichen Körper bei Aufnahme von Kapuziner- bzw. Gartenkressensalat per os. Madaus Jahresber. 1952, 43 (1952).
[58] WINTER, A. G., L. WILLEKE: Untersuchungen über Antibiotica aus höheren Pflanzen. (VII. Mitt.) Die Natw. 40, 167 (1953).
[59] WINTER, A. G., L. WILLEKE: Untersuchungen über Antibiotica aus höheren Pflanzen. (VIII. Mitt.) Die Natw. 40, 247 (1953).
[60] WINTER, A. G., M. HORNBOSTEL: Untersuchungen über Antibiotica aus höheren Pflanzen. (IX. Mitt.) Die Natw. 40, 489 (1953).
[61] WINTER, A. G.: Antibiotische Therapie auf diätetischer Grundlage. Madaus Jahresber. 1953, 21 (1953).
[62] WINTER, A. G.: Untersuchungen über Antibiotica aus höheren Pflanzen. (X. Mitt.) Die Natw. 41, 337 (1954).
[63] WINTER, A. G.: Untersuchungen über die Natur der antimikrobiellen Wirkstoffe aus der Kapuzinerkresse. Madaus Jahresber. 1953, 7 (1953).
[64] WINTER, A. G.: Antibiotische Therapie auf diätetischer Grundlage. Madaus Jahresber. 1953, 21 (1953).
[65] WINTER, A. G.: Die Bedeutung antibiotischer Wirkstoffe aus Blütenpflanzen für Therapie und Diät (unter besonderer Berücksichtigung von Kapuzinerkresse, Gartenkresse und Meerrettich). Die Medizinische 1 (1955).

[66] WINTER, A. G., O. BOEGER, W. WESTERHOFF: Untersuchungen über Antibiotica aus höheren Pflanzen. (XII. Mitt.) — Schweinemastversuche mit den antimikrobischen Wirkstoffen der Kapuzinerkresse. Die Natw. 42, 464 (1955).
[67] IWANOW, X.: Ustanowjanie wlijanijeto na tschesnowia luk werchu prirasta i sdrawoslownowo sestojanie na piletata. Spißane na Nautschno-Isledowatelskite Instituti pri Ministerstwoto na Semedelieto, Sofia. 21, 3, 89 (1954).

Verfasser: Dr. H.-J. BROSELL, Berlin N 4, Hannoversche Straße 27/29, Abt. Geflügelkrankheiten

Untersuchungen der Einsatzmöglichkeiten antibiotischer Wirkstoffe in der Entenmast

I. Die Wirkung von Betapan bei Futtermischungen mit bzw. ohne Gehalt an tierischem Eiweiß

Aus dem Institut für Kleintierzucht der Humboldt-Universität Berlin
(Direktor: Prof. Dr. F. LÜTZENBERG)

Von R. Doehl

Antibiotische Wirkstoffe haben bekanntlich im Ausland in der Schweine- und Hühnergeflügelmast zum Teil beachtliche Pluseffekte beim Wachstum und bei der Futterverwertung hervorgerufen und eine dementsprechende Verbreitung gefunden. In den Flugschriften der antibiotische Futterzusätze herstellenden Industrie werden jedoch meist keine Empfehlungen hinsichtlich der Anwendung dieser Zusätze bei der Entenmast ausgesprochen. Dies mag darauf zurückzuführen sein, daß mehrfach keine Einflüsse antibiotischer Wirkstoffe auf die Jugendentwicklung der Enten ermittelt werden konnten. Es konnten jedoch bisher keine Erklärungen für das Ausbleiben antibiotischer Wuchseffekte bei der Entenmast gegeben werden. An sich ist die Ente in gleicher Weise wie das Hühnerkücken in hohem Maße für ihr Wachstum auf das tierische Eiweiß angewiesen. Sie weist außerdem hinsichtlich ihrer Nahrungsansprüche gewisse Parallelen zum Schwein auf, so daß es meiner Meinung nach nicht einzusehen war, warum mit diesen Wirkstoffen beim Wassergeflügel keine Erfolge zu erzielen sind. Eiweißkraftfuttermittel tierischer Herkunft stehen aus der Inlandserzeugung nur im beschränkten Umfang zur Verfügung, so daß sich auch für die Entenmast die Forderung aufzwingt, nach Möglichkeiten der Einsparung von tierischem Eiweiß zu suchen. Unsere langjährigen Arbeiten auf diesem Gebiet sollten die Bedingungen überprüfen, unter denen mit einer Wirksamkeit der Antibiotika gerechnet werden kann bzw. eine Erklärung für das Ausbleiben der Wachstumsstimulation bei den Enten finden. Im Rahmen der vorliegenden Veröffentlichung soll vorerst nur auf die Wachstumsversuche eingegangen werden, die in Verbindung mit dem antibiotisch wirksamen Präparat „Betapan" durchgeführt wurden.

Sehr exakte Untersuchungen über die Verwendung antibiotischer Wirkstoffe bei der Ente haben BRANION und Mitarbeiter [3] angestellt. Sie geben an, daß die Mehrzunahme durch Antibiotika bei Puten größer und bei Enten kleiner als beim Hühnergeflügel sind, ohne aber selbst irgend einen Einfluß bei Enten nachweisen zu können. In ihrem ersten eigenen Versuch kamen je 25 mg Aureomycinhydrochlorid, G-Penicillin-Kalium, Terramycinhydrochlorid bzw. Streptomycinsulfat pro kg ungekörnten Trockenfutter in 5 Gruppen mit je 12 Enten in Kückenbatterien auf Drahtboden zum Einsatz. Die Versuchsdauer betrug 6 Wochen. Der zweite Versuch lief mit 20 Gruppen mit je 15 Enten über einen Zeitraum von 4 Wochen. Innerhalb desselben wurden die gleichen Antibiotika mit 10,25 und 100 mg pro kg Futter dosiert. Keines der Antibiotika verursachte jedoch bedeutende Differenzen hinsichtlich des Wachstums und der Futterverwertung. Die Verfasser untersuchten in dem Zusammenhang den Einfluß der Antibiotika auf die Mikroflora des Darmes und kamen dabei zu folgendem Ergebnis:

Die spezifische Wirkung der einzelnen Antibiotika auf die Darmflora war unterschiedlich. Aureomycin hatte auf sämtliche Mikroorganismen eine dezimierende Wirkung. Streptomycin förderte dagegen die aeroben, anaeroben, Coli- und Enterococcen-Formen. Penicillin vermehrte den Anteil der aeroben, anaeroben und Coli-Bakterien. Das Terramycin hatte gleichfalls eine fördernde Wirkung für die aeroben, säurefesten und Coli-Bakterien. Die beiden letzten Antibiotika wirkten sich auf die restlichen Bakteriengruppen hemmend aus. Die Laktobazillen wurden nicht beeinflußt. Alle Antibiotika setzten die p_H-Werte des Darminhalts herab. Terramycin senkte den p_H-Wert am meisten, Penicillin am wenigsten. Die Feststellung hinsichtlich der Beeinflussung der Darmflora decken sich fast genau mit einer Aufstellung, die DEGENER [5] für die Veränderung der Darmflora beim Schwein angegeben hat.

Letzterer hat auch Wachstumseffekte bei Enten nicht beobachten können. FANGAUF [6] hält den Zusatz der Antibiotika bei jeder Form der Jungtiermast für wirtschaftlich nur nicht beim Wassergeflügel und schreibt wörtlich: „Erstaunlich ist übrigens die Tatsache, daß die bisher zur Anwendung kommenden Antibiotika bei den Enten offenbar keinen Einfluß auf das Wachstum ausüben“ [7]. Die gleiche Ansicht äußert u. a. SCHMIDT [15].

Es stehen jedoch diesen Mitteilungen Versuchsergebnisse gegenüber, die eine positive Wirkung bestimmter Antibiotika bei der Ente nachweisen. AMSCHLER und PAMMER [1] führten in der Zeit vom 8. 3.—13. 7. 53 mit 14 verschiedenen Schlüpfen und insgesamt 4550 Enten Mastversuche unter Zusatz von Aurofac 2 A durch. Sie erzielten folgende Durchschnittsergebnisse:

8-Wochengewicht	2544 g
Futterverbrauch	7893 g
Verwertungszahl	213
Verluste	1,5%.

Die Zunahmen und Futterverwertung sind als sehr gut zu bezeichnen. Es fehlt leider jede Vergleichsmöglichkeit, so daß es ungeklärt bleibt, in welcher Höhe die einzelnen Faktoren durch Aurofac 2 A beeinflußt wurden. Die Verfasser stellten ihre Ergebnisse den von LEHMANN [9] 30 Jahre früher erzielten gegenüber. LEHMANN konnte bekanntlich innerhalb seiner Geflügelmastversuche im Jahre 1923 mit 8 Tage alten Entenkücken nach einer 7wöchigen Mastperiode ein Durchschnittsgewicht von 2060 g bei einer Verwertungszahl von 238 erreichen. Die Peking-Ente ist seit 1923 nicht nur in ihrer Legeleistung sondern auch hinsichtlich ihrer Schnellwüchsigkeit weiterentwickelt worden. MÜLLER [10] führt bei einem Vergleich von Entenmastversuchsergebnissen zwischen Schlobachshof aus dem Jahre 1954 und Kiel-Steenbeck aus dem Jahre 1931 das bessere Abschneiden der ersteren auf eine langjährige züchterische Arbeit der Herdbuchzüchter zurück (Tab. 1):

TABELLE 1

	Futterverbrauch bis 8 Wochen	Endgewicht	Futterverbrauch für 1 kg Zunahme
Kiel-Stenbeck	11,000 kg	2150 g	4,500 kg
Schlobachshof	8,069 kg	2300 g	3,508 kg

Die von AMSCHLER und PAMMER vorgenommene Gegenüberstellung ihrer Entenmastergebnisse mit den von LEHMANN ermittelten Zahlen besitzt demnach keinen wissenschaftlichen Aussagewert und läßt eine Beurteilung des antibiotischen Futterzusatzes nicht zu. Auf die aus dem Institut von AMSCHLER veröffentlichten Arbeiten [12], in denen Terramycin-Präparate zur Anwendung kamen, wird in anderen Veröffentlichungen noch näher einzugehen sein. Ein alleiniger Zusatz von Terramycin konnte innerhalb einer einwandfreien Versuchsanstellung eine Erhöhung der Gewichtszunahme von 5,7% und eine Verbesserung der Futterverwertung von 7,5% bewirken.

MÜLLER [10] hat 1954 Entenmastversuche unter Verwendung des Betapans bei einem sehr niedrigen Gehalt an tierischem Eiweiß durchgeführt. Über ein Eiweißkonzentrat wurden lediglich 3,5% Fischmehl und 1,2% Tierkörpermehl zugeführt. Nach 2 Aufzuchtwochen setzte die Versuchsfütterung ein, die dann für 6 Mastwochen beibehalten wurde. In jeder Gruppe standen 20 Enten, jedoch bestand eine Versuchsgruppe meist aus 2 derartigen Gruppen. Es wurden folgende Ergebnisse erzielt (Tab. 2):

TABELLE 2

Gr.-Nr.	Behandlung	8-Wochen-Gew. in g	Mehrgewicht in g	Verwertungszahl	
1+2	Kontrolle	2234,7	—	241	
3+4	0,5% Betapan	2380,6	+ 145,9	228	
5	0,5% B_{12} Präp. a	2239,5	+ 4,8	228,8	231
6	0,5% B_{12} Präp. b	2339,5	+ 104,8	237,7	

Die B_{12}-Präparate a und b wurden aus der gleichen Fischbrühe hergestellt. Die unterschiedliche Wachstumswirkung erklärt sich durch die verschiedenartige Herstellungsmethode — die Fischbrühe wurde bei Präparat a unter höheren Wärmegraden eingedickt als bei Präparat b. RUDOLPH [14] schreibt über diesen Versuch, daß damit der Nachweis erbracht sei, daß der Anteil an tierischem Eiweiß auf 5% gesenkt werden kann, wenn dem Futter 0,5% Betapan zugesetzt werden. MÜLLER [11] selbst empfiehlt 1957, wahrscheinlich auf Grund der oben angegebenen Ergebnisse, Mischungen, die in ihren wertbestimmenden Bestandteilen ähnlich zusammengesetzt sind, 0,5% Betapan zuzusetzen, da dann eine Mehrzunahme von 100—150 g erzielt werden könnte.

Versuchsanstellung

Bis auf Versuch IV, in dem nur mit 30 Entenkücken pro Gruppe begonnen wurde, war der Anfangsbestand in allen Versuchsgruppen 50 Entenkücken. Das Tiermaterial stammte vorwiegend aus einer Entenherdbuchzucht. In Versuch IV erfolgte der Versuchsbeginn im Alter von 12 Tagen, bei allen anderen Versuchen im Alter von 4—5 Tagen. Bis zum Versuchsbeginn wurden die Entenkücken einheitlich mit Grütze gefüttert und mit klarem Wasser getränkt. In den ersten 3 Versuchen umfaßten die Versuchsabschnitte ungefähr 7, bei den letzten genau 7 Tage, bei Versuch IV jedoch 10 Tage mit Ausnahme des letzten Abschnittes, der nur noch einmal 5 Tage umfaßte. Die Dauer der einzelnen Wachstumsversuche betrug 8—9 Wochen.

Abb. 1. Entenversuchsanlage. Versuchshof Blumberg des Instituts für Kleintierzucht der Humboldt-Universität Berlin.

Für jede Versuchsgruppe wurde vor Versuchsbeginn eine ausreichende Menge der entsprechenden Futterzusammenstellung gemischt, das Trockenfutter jeweils für einen Versuchsabschnitt zugewogen und der Futterverzehr durch Rückwaage bei Abschluß des Abschnittes festgestellt.

Das Trockenfutter wurde 5 mal am Tage als Weichfutter mit Wasser angemischt bis zur völligen Sättigung gereicht. Die Weichfutterzusätze erfolgten allgemein einmal am Tage.

In den ersten Versuchen wurde eine Kennzeichnung jedes einzelnen Kückens mittels Kückenmarken vorgenommen und die Einzelgewichte bei Versuchsbeginn, nach Abschluß der einzelnen Versuchsabschnitte und bei Versuchsabschluß ermittelt. Später erfolgte eine Einzelwägung nur noch bei Versuchsabschluß. Zwischenzeitlich wurde nur das Gruppengewicht festgestellt. Die Tiere einer Gruppe waren mittels Zehenlochung gekennzeichnet.

Für die Durchführung der Versuche standen Kückenfreilandheime mit einer Grundfläche von 2,5 qm zur Verfügung (Abb. 1). In den Jahren 1954 und 1955 erfolgte die Beheizung der Heime durch die von der Lieferfirma eingebauten

Brikett-Warmwasserheizungen. Diese konnten die Raumtemperaturen jedoch im Schnitt nur um 10° C über der Außentemperatur halten. Um den Faktor Wärme für alle Versuchsgruppen gleichmäßig zu gestalten, war ein hoher Arbeitsaufwand erforderlich, da die Zugverhältnisse der einzelnen Brennstellen sehr unterschiedlich waren. Bei den Mangelgruppen der Versuche I und II mußte die Lüftung und Heizung von der 3. Woche an im Vergleich mit den anderen Gruppen etwas anders gehandhabt werden, da auf Grund der unterschiedlichen Gewichtsentwicklung bei dem relativ geringen Luftraum pro Tier die Eigenerwärmung der gut entwickelten Gruppen nicht mehr ohne Wirkung blieb. Später wurde die Aufzucht nur noch unter Infrarot-Dunkelstrahlern vorgenommen.

Jeweils in der 2. Versuchshälfte verblieben die Enten am Tage in gleichgroßen, grasbewachsenen Ausläufen (45 qm) und hatten nachts Zutritt zu Behelfsunterkünften unter Mistbeetfenstern.

Versuch I

Die ersten Entenwachstumsversuche, die 1954 auf dem Versuchshof Blumberg angesetzt wurden, sollten vorerst eine Klärung der Frage herbeiführen, ob unter extremen Bedingungen, d. h. bei Futtermischungen ohne jeden Gehalt an tierischem Eiweiß mit einem Einfluß der Antibiotika auf die Wachstumsgeschwindigkeit von Entenkücken gerechnet werden kann. Antibiotisch wirksame Substanzen standen nur in Form des Präparates Betapan zur Verfügung. Bei den Versuchsgruppen, die kein tierisches Eiweiß erhielten, sollte hinsichtlich der pflanzlichen

TABELLE 3

Futterzusammensetzung von Versuch I und II in %

	Gruppe				
	1	2	3	4	5
Eiweißkonzentrat	—	—	—	20	20
Tierkörpermehl	—	—	—	3	3
Erdnußkuchenschrot	12	12	12	—	—
Rapsextraktionsschrot	4,1	4,1	4,1	—	—
Erbsenschrot	5,6	5,6	5,6	—	—
Lupinenschrot	8,3	8,3	8,3	—	—
Gerstenschrot	55	55	55,	60	60
Weizenkleie	13	13	13	15	15
Kalban F	2	2	2	2	2
	100	100	100	100	100
g Betapan pro dz	800	400	—	1000	—

Zusammensetzung des Eiweißkonzentrates

Fischmehl	30%
Tierkörpermehl	15%
Futterhefe	5%
Sojaextraktionsschrot	38%
Mühlennachprodukte	10%
Kalk	2%
	100%

Eiweißkraftfuttermittel eine gewisse Vielseitigkeit durch den Einsatz von 2 Leguminosenschroten neben zwei Preßkuchenschroten erreicht werden. Allerdings haben Versuche des Jahres 1956 gezeigt, daß sich 5% Rapskuchenschrot für das Wachstum von Enten schon hemmend auswirken.

Gehalt an Rohnährstoffen nach Römer [13]

	Gruppe	
	1—3	4+5
Rohprotein	18,77	18,95
Fett	3,45	3,02
N-freie Extraktstoffe	54,34	53,66
Rohfaser	5,67	4,69
Nährstoffverhältnis	1 : 3,3	1 : 3,2

(Die Werte für das Sojaextraktionsschrot wurden nach einer Nährstoffanalyse des Instituts für Tierernährung der Humboldt-Universität eingesetzt.)

Fangauf [8] fordert für ein Mastalleinfutter mindestens 20% und für ein Kückenaufzuchtalleinfutter mindestens 16% Rohprotein. Der Gehalt der Mischungen sowohl mit als auch ohne tierisches Eiweiß erfüllt die erste Forderung nicht ganz. Der Rohfasergehalt liegt in beiden Fällen unter der angegebenen Höchstmenge von 6% für ein Mastmischfutter. Die geforderten 60% Getreideanteile für ein Mastalleinfutter werden in der Mischung ohne tierisches Eiweiß nicht ganz erreicht. Buhrmann [4] betont im Hinblick auf die rasche Gewichtsentwicklung — das Eintagskückengewicht von 50 g vergrößert sich in 8 Wochen um das 40fache, das eines Leghornkückens nur um das 12,5 fache — die Notwendigkeit, hochwertige Futtermittel in der Entenmast einzusetzen. Das Nährstoffverhältnis der beiden Mischungen liegt mit 1:3,2 bzw. 1:3,3 etwas über dem von Buhrmann geforderten Verhältnis von 1:3.

Die Gewichtsentwicklung des ersten Versuches innerhalb der einzelnen Versuchsabschnitte geht aus Tab. 4 hervor.

Die Gewichtszunahmen der Gruppen, die kein tierisches Eiweiß erhielten, liegen in den meisten Versuchsabschnitten hinter denen der Gruppen mit tierischem Eiweiß zurück. Mit einer geringfügigen Abweichung im 2. Versuchsabschnitt entsprach die Reihenfolge der Höhe der Gewichtszunahmen der ersten 3 Gruppen der aus dem Endergebnis ersichtlichen Tendenz. Damit ist innerhalb aller Entwicklungsabschnitte eine deutliche Wirkung des Betapans festzustellen. Da die ersten beiden Versuche lediglich als Vorversuche gedacht waren, wurde der Verbrauch an Weichfutterzusätzen und Keimgerste nicht genau sondern nur der Mischfutterverbrauch wöchentlich genau ermittelt (Tab. 5).

Der Mischfutterverbrauch pro Tier und Tag sowie der pro Tier und Versuchsabschnitt liegt bei den ersten 3 Gruppen stets niedriger als bei den Gruppen, die tierisches Eiweiß erhielten. Durch den Mangel an tierischem Eiweiß bleibt der Verbrauch an Mischfutter hinter dem der Normalgruppen zurück. Die beiden

Betapandosierungen verringern, mit Ausnahme des letzten, in allen Versuchsabschnitten die Differenz in der Futteraufnahme zwischen Gruppe 3 und 5.

TABELLE 4

Schlupfdatum: 17. 3. 1954
Versuchsbeginn: 21. 3. 1954
Versuchsende: 18. 5. 1954

∅ Lebendgewicht in g

Versuchs-abschnitt	Gr. 1	Gr. 2	Gr. 3	Gr. 4	Gr. 5
0	63,7	63,2	58,5	61,4	57,2
1	147,2	143,3	128,1	219,3	197,7
2	226,0	224,8	190,2	415,8	395,1
3	380,1	353,0	269,5	722,8	753,3
4	598,1	514,9	380,5	1016,1	1028,3
5	795,7	693,7	474,7	1223,3	1225,1
6	1120,2	938,6	628,8	1569,5	1723,6
7	1442,8	1231,1	856,6	2030,3	2013,1
8	1692,0	1455,4	1039,2	2218,4	2234,4
Gesamt-zunahme	1628,5	1392,2	980,7	2157,0	2177,2
s %	16,2	23,9	36,5	6,9	6,3

TABELLE 5

Mischfutterverbrauch in g

Versuchs-abschnitt	Gr. 1		Gr. 2		Gr. 3		Gr. 4		Gr. 5	
	T/T	T/V	T/T	T/V	T/T	T/V	T/T	T/V	T/T	T/V
1+2	19,3	289,5	18,9	283,5	15,6	234,0	27,0	405,0	27,0	405,0
3	59,2	414,4	55,1	385,7	35,9	251,3	101,8	712,6	98,8	691,6
4	79,9	559,3	68,9	482,3	55,8	390,6	134,7	942,9	130,6	914,2
5	98,1	686,7	92,2	645,4	60,8	425,6	138,5	969,5	138,2	967,4
6	128,9	902,3	97,5	682,5	58,3	408,1	188,3	1318,1	186,0	1302,0
7	158,0	1106,0	148,6	1040,2	101,7	711,9	169,6	1187,2	172,6	1208,2
8	145,7	1165,6	156,1	1248,8	148,6	1188,8	212,2	1697,6	208,3	1666,4
Gesamt-verbrauch/T		5123,8		4768,4		3610,3		7232,9		7154,8

T/T = Mischfutterverbrauch pro Tier und Tag
T/V = Mischfutterverbrauch pro Tier und Versuchsabschnitt

Nach Versuchsabschluß wurden aus jeder Gruppe 10, aus Gruppe 3 allerdings nur 3 Tiere ausgewählt. Die Ausschlachtungsergebnisse zeigen, daß das Gewicht der einzelnen Organe in einem engen Verhältnis zu den Lebendgewichten steht. Ein spezieller Einfluß des Futterzusatzes auf Teile des Organismus war nach den vorliegenden Literaturangaben nicht zu erwarten und ist auch nicht offensichtlich. Auch in Versuch II wurden aus jeder Gruppe 10 Tiere ausgeschlachtet. Beachtenswert ist lediglich in beiden Versuchen die relativ geringe Differenz der ausgenommenen Mägen zwischen den Versuchsgruppen. Außerdem bleibt der Fettansatz gemessen am Flomen in den Gruppen 1—3 besonders stark hinter dem der normal gefütterten Tiere zurück. Auch der Betapanzusatz hat darauf nur einen verhältnismäßig geringen Einfluß genommen, so daß sich das Mehrwachstum gegenüber Gruppe 3 fast ausschließlich auf Fleischansatz bezieht (Tab. 6 und 7).

TABELLE 6

Ausschlachtungsergebnisse

Versuch I	Gr. 1 g	Gr. 2 g	Gr. 3 g	Gr. 4 g	Gr. 5 g	Gr. 1 %	Gr. 2 %	Gr. 3 %	Gr. 4 %	Gr. 5 %
lebend	2049,0	1856,2	1678,0	2112,4	2231,8	91,8	83,2	75,3	94,7	100
gerupft	1804,8	1609,5	1470,6	1864,9	1979,0	91,2	81,3	74,3	94,2	100
ausgenommen	1441,1	1272,6	1158,0	1497,8	1584,5	90,9	80,3	73,1	94,5	100
Darm m. Inh.	147,1	135,3	119,7	162,4	166,7	88,1	91,2	71,8	97,4	100
Magen	110,2	105,6	105,7	104,2	106,7	103	99,0	99,1	97,7	100
Magen, leer	76,5	71,6	77,0	74,1	76,5	100	93,6	101	96,9	100
Leber m. Galle	60,9	56,9	48,5	61,6	60,6	101	93,9	80,0	102	100
Herz	13,7	12,3	11,5	13,4	14,7	93,2	83,7	78,2	91,2	100
Bauchfett	14,5	12,0	11,2	17,1	21,2	68,4	56,6	52,8	80,7	100

TABELLE 7

Ausschlachtungsergebnisse

Versuch II	Gr. 1 g	Gr. 2 g	Gr. 3 g	Gr. 4 g	Gr. 5 g	Gr. 1 %	Gr. 2 %	Gr. 3 %	Gr. 4 %	Gr. 5 %
lebend	1969,4	1880,6	1831,4	2506,1	2313,1	85,1	81,3	79,2	108	100
gerupft	1720,1	1598,9	1523,7	2181,0	2022,6	85,0	79,1	75,3	108	100
ausgenommen	1398,9	1267,8	1212,7	1782,7	1671,7	83,7	75,8	72,5	107	100
Darm m. Inh.	122,0	133,6	125,4	153,2	134,3	90,8	99,5	93,4	114	100
Magen	101,0	103,4	90,3	111,3	98,3	103	105	91,9	113	100
Magen leer,	75,1	72,8	68,7	83,6	73,6	102	98,9	93,3	114	100
Leber m. Galle	59,6	57,3	51,4	74,2	63,6	93,7	90,1	80,8	117	100
Herz	13,0	11,5	10,2	15,5	13,8	94,2	83,3	73,9	112	100
Bauchfett	15,8	13,0	13,0	28,5	24,9	63,4	52,2	52,2	115	100

Versuch II

Versuch II kam als Wiederholung von Versuch I unter gleichen Umweltverhältnissen und bei Anwendung der gleichen Futtermischungen zur Durchführung. Er lag lediglich jahreszeitlich später, so daß der Versuchsverlauf nicht durch die extremen Außentemperaturen beeinflußt wurde, unter denen Versuch I anlief. Über die innerhalb dieser Wiederholung festgestellte Gewichtsentwicklung gibt Tab. 8 Auskunft.

Es ergibt sich hinsichtlich der Gewichtsentwicklung für Versuch II das gleiche Bild wie für Versuch I. Da die Gewichtszunahmen innerhalb des 8. Versuchsabschnittes noch zufriedenstellend waren, wurde der Versuch eine Woche länger durchgeführt.

Auch der Futterverzehr hat in Versuch II (Tab. 9) eine ähnliche Entwicklung wie in Versuch I genommen. Er liegt für die Gruppen 1—3 in allen Versuchsabschnitten niedriger als der der Gruppen 4 und 5, wobei sich erneut der Betapanzusatz im Zusammenhang mit der Wachstumswirkung auch verbessernd auf den Futterverzehr auswirkte.

TABELLE 8

∅ Lebendgewicht in g

Schlupfdatum: 29. 4. 1954
Versuchsbeginn: 3. 5. 1954
Versuchsende: 6. 7. 1954

Versuchs-abschnitt	Gr. 1	Gr. 2	Gr. 3	Gr. 4	Gr. 5
0	64,4	71,3	71,3	72,9	74,4
1	129,5	127,5	113,1	173,9	200,8
2	244,2	230,4	187,0	337,0	322,6
3	355,7	354,4	277,5	565,3	551,2
4	593,8	527,4	421,5	865,4	797,6
5	897,8	788,2	625,9	1160,6	1202,3
6	1261,2	1097,9	884,8	1715,7	1631,8
7	1493,6	1323,4	1238,1	1936,2	1992,7
8	1833,1	1749,0	1419,4	2298,3	2301,4
9	1998,0	1888,3	1603,4	2399,7	2368,6
Gesamtzunahmen	1933,6	1817,0	1532,1	2326,8	2294,2
s %	12,1	11,8	21,5	8,4	7,9

TABELLE 9

Mischfutterverbrauch in g

Versuchs-abschnitt	Gr. 1		Gr. 2		Gr. 3		Gr. 4		Gr. 5	
	T/T	T/V	T/T	T/V	T/T	T/V	T/T	T/V	T/T	T/V
1	19,8	158,4	18,5	148,0	18,9	151,2	22,8	182,4	19,9	159,2
2	42,4	295,4	38,6	270,2	37,7	263,9	57,1	399,7	57,1	399,7
3	60,0	420,0	52,6	368,2	45,4	317,8	75,1	525,7	71,4	499,8
4	82,6	578,2	83,2	582,4	53,9	377,3	129,1	903,7	120,4	842,8
5	106,4	744,8	100,0	700,0	81,4	569,8	124,4	870,8	119,3	835,1
6	157,1	1099,7	133,8	936,6	79,2	554,4	191,7	1341,9	186,7	1306,9
7	156,0	1092,0	134,4	940,1	123,2	862,4	177,1	1239,7	171,4	1199,8
8	140,1	980,7	127,2	890,4	92,9	650,3	156,0	1092,0	162,1	1134,7
9	191,9	1535,2	157,0	1256,0	154,3	1234,4	184,4	1475,2	200,4	1603,2
Gesamt-verbrauch/T		6904,4		6092,5		4981,5		8031,1		7981,2

T/T = Mischfutterverbrauch pro Tier und Tag
T/V = Mischfutterverbrauch pro Tier und Versuchsabschnitt

Zusammenfassung von Versuch I und II

Einen zusammenfassenden Überblick über die Vorversuche des Jahres 1954 gibt Tab. 10.

Auf die Ergebnisse von Versuch I haben offensichtlich die extremen Temperaturverhältnisse, denen das Tiermaterial in den Freilandheimen ausgesetzt war, einen Einfluß genommen. Die Durchschnittswerte der nächtlichen Tiefsttemperaturen in den ersten fünf Versuchsabschnitten schwanken für die einzelnen Versuchsgruppen zwischen 8,7 und 9,2° C bei Versuch I und zwischen 13,9 und 15,1° C bei Versuch II. Zu dem Mangel an tierischem Eiweiß kam bei Versuch I ein gewisser Wärmemangel, der allerdings auf die Gruppen 4 und 5 ohne erkennbare Auswirkungen blieb. Es ist erstaunlich, daß das Tiermaterial allerdings unter den gegebenen Versuchsbedingungen bei einwandfreier trockener Einstreu und entsprechender Pflege nicht schärfer auf den Wärmemangel reagiert hat. Der Verlauf des 2. Versuches beweist, daß sich die niedrigen Temperaturen beim 1. Versuch nur in einer Verschärfung der fütterungsbedingten Differenzen ausgewirkt haben.

TABELLE 10

Übersicht über die Versuchsergebnisse von Versuch I und II

	Vers.-Nr.	Gr. 1	Gr. 2	Gr. 3	Gr. 4	Gr. 5
Mittelwert in g	I	1692,0	1455,4	1039,2	2218,4	2234,4
	II	1998,0	1888,3	1603,4	2399,7	2368,6
Relativwerte	I	162,8	140,1	100,0	213,5	215,0
	II	124,6	117,8	100,0	149,7	147,7
s	I	274,5	347,8	378,9	152,9	157,8
	II	242,3	223,6	344,4	202,5	186,1
s %	I	16,2	23,9	36,5	6,9	6,3
	II	12,1	11,8	21,5	8,4	7,9
g Mischfutterverbrauch	I	3146	3425	3681	3353	3286
pro kg Zunahme	II	3571	3353	3251	3452	3479
Verluste in %	I	2	8	56	4	4
	II	0	4	10	0	0

Durch das Fehlen von tierischem Eiweiß in der Futtermischung war die Entwicklung der Enten in Gruppe 3 besonders stark beeinträchtigt. Innerhalb des 1. Versuches verendete über die Hälfte des Anfangsbestandes. In 5 Fällen wurde Bazillus Breslau nachgewiesen. Die Endgewichte schwankten zwischen 510 und 1872 g. Einzelne Tiere reagierten auf die schwierigen Fütterungs- und Umweltverhältnisse relativ wenig, während ein Teil der Kümmerer bis zum Versuchsabschluß nur dahinvegetierte. Allerdings muß darauf hingewiesen werden, daß den Tieren von der 2. Woche an die Möglichkeit gegeben war, in beschränktem Umfange aus dem Auslauf tierisches Eiweiß in Form von Insekten und deren Larven aufzunehmen. Die unterschiedliche Gewichtsentwicklung in der Gruppe 3 kommt auch durch die hohen Werte für *s* und *s* % zum Ausdruck. Für den Mischfutterverbrauch pro kg Zunahme ergaben sich beim Vergleich widersprechende Werte. Tab. 11 gibt einen Überblick über die Ergebnisse des *t*-Testes bei den Gewichtsdifferenzen zwischen den Mittelwerten der einzelnen Versuchsgruppen.

In beiden Versuchen hat das Präparat Betapan sowohl in der Dosierung 800 g als auch in der von 400 g pro dz Mischfutter bei einer Futterzusammensetzung, der tierisches Eiweiß fehlte und deren pflanzliche Komponenten zwar vielseitig gestaltet aber mit Ausnahme des Erdnußkuchenschrotes nicht besonders hochwertig waren, ein statistisch sehr gut gesichertes Mehrwachstum gebracht. Dabei hat sich der höhere Betapanzusatz in Versuch I als sehr gut gesichert und in Versuch II als gesichert wirkungsvoller erwiesen als die niedrige Betapandosierung. Es waren aber selbst 800 g Betapan nicht in der Lage, das Wachstum von Enten, denen im Futter nur pflanzliches Eiweiß zur Verfügung stand, soweit zu verbessern, daß die Gewichte von normal ernährten Enten erreicht wurden. Gruppe 1 lag in beiden Versuchen sehr gut gesichert unter Gruppe 5. Andererseits blieben die antibiotischen Komponenten des Betapan in den Versuchen I, II und III ohne eine statistisch zu sichernde Wirkung auf die Futtermischung, die 20% Eiweißkonzentrat und 3% Tierkörpermehl enthielt. Es lag hier wohl eine ausreichende Versorgung mit tierischem Eiweiß vor, so daß für das Betapan kein Einfluß auf den Proteinstoffwechsel erforderlich wurde.

TABELLE 11

Versuch I und II

Gegenüberstellung von Gruppe	Nr. Vers.	*D*	*sd*	*t*	*P* %	Sicherung
1 und 2	I	236,7	64,1	3,7	0,0	+ + +
	II	109,7	47,2	2,3	2,1	+
1 und 3	I	652,8	79,6	8,2	0,0	+ + +
	II	394,6	60,6	6,5	0,0	+ + +
2 und 3	I	416,2	92,8	4,5	0,0	+ + +
	II	284,9	59,8	4,8	0,0	+ + +
4 und 5	I	16,1	30,0	0,5	61,8	—
	II	31,0	38,9	0,8	42,4	—
	II	31,0	38,9	0,8	42,4	—
1 und 5	I	542,4	44,4	12,2	0,0	o o o
	II	370,7	42,2	8,6	0,0	o o o

Versuch III

Innerhalb des 3. Versuches sollte nochmals das Betapan unter extremen Fütterungsbedingungen zur Anwendung kommen. An der Zusammensetzung der Futtermischungen für Gruppe 4 und 5 änderte sich nur die des Eiweißkonzentrates. Die Gruppen 1—3 erhielten wiederum über das Alleinfutter lediglich pflanzliches Eiweiß, welches sich nur aus 15% Sojaextraktionsschrot und 15% Erdnußkuchenschrot zusammensetzte, aber damit hochwertiger als das derselben Gruppen in den ersten beiden Versuchen war.

Da das Betapan in den Versuchen I und II nicht in der Lage war, bei einer Futterzusammensetzung, wie sie Gruppe 5 erhielt, eine Wirkung auszuüben und dieses Ergebnis auch in Versuch III erwartet werden mußte, andererseits aber das Betapan die Gewichtsentwicklung der Gruppen 1 und 2 dem Wachstum der Gruppe 5 nicht in befriedigendem Umfange annähern konnte, sollte mit der Gruppe 6 erstmals eine Abstufung der Eiweißträger pflanzlicher und tierischer Herkunft unter Zusatz von 1000 g Betapan pro dz Mischfutter vorgenommen werden. Es wurden 1/4 der Eiweißkraftfuttermittel von Gruppe 5 und 3/4 der pflanzlichen Eiweißträger der Gruppe 3 in die Zusammenstellung für Gruppe 6 eingesetzt (Tab. 12).

Für die Mischungen ohne tierisches Eiweiß und die Gruppe 6 wurden durch den mit 30 bzw. 22,5% relativ hohen Anteil an pflanzlichen Eiweißkraftfuttermitteln hohe Werte für das Rohprotein erreicht und die geforderten 20% überschritten. Es lag damit der Proteingehalt der Mischungen der Gruppe 1, 2 und 3 des Versuches III wesentlich höher als bei den ersten 3 Gruppen der Versuche I und II. Außerdem kann man damit rechnen, daß das Eiweiß im 3. Versuch eine

TABELLE 12

Futterzusammensetzung von Versuch III in %

	Gr. 1	Gr. 2	Gr. 3	Gr. 4	Gr. 5	Gr. 6
Eiweißkonzentrat	—	—	—	20	20	5,0
Tierkörpermehl	—	—	—	3	3	0,75
Sojaextraktionsschrot	15	15	15	—	—	11,25
Erdnußkuchenschrot	15	15	15	—	—	11,25
Gerstenschrot	55	55	55	60	60	55,75
Weizenkleie	13	13	13	15	15	14,0
Kalban F	2	2	2	2	2	2,0
	100	100	100	100	100	100,0
g Betapan pro dz	800	400	—	1000	—	1000

Zusammensetzung des Eiweißkonzentrates

Fischmehl	25%
Tierkörpermehl	30%
Futterhefe	5%
Sojaextraktionsschrot	20%
Weizennachmehl	10%
Weizenkleber	4%
Teigwaren	4%
Kalk	4%

Gehalt an Rohnährstoffen nach Römer [13]

	Gr. 1—3	Gr. 4+5	Gr. 6
Rohprotein	21,16	18,53	20,54
% tier. Rohprot. i. Ges. Prot.		42,1	9,5
% Pflanzl. Rohprot. i. Ges. Prot.	100,0	57,9	90,5
Fett	2,93	3,33	3,05
N-freie Extraktstoffe	52,47	52,69	52,43
Rohfaser	5,67	4,30	5,35
Nährstoffverhältnis	1:2,8	1:3,3	1:2,9

(Rohnährstoffe des Sojaextraktes nach Institut für Tierernährung der Humboldt-Universität)

wesentlich bessere Verdaulichkeit aufwies. Auch das Nährstoffverhältnis ist für die Gruppen ohne bzw. mit wenig tierischem Eiweiß enger als das der Gruppen aus den vorhergehenden Versuchen. Diese veränderte Futterzusammensetzung ist auf den Versuchsablauf nicht ohne Einfluß geblieben (Tab. 13). Außerdem waren die Entenkücken in den ersten 3 Versuchsabschnitten in einem Kückenaufzuchtstall unter Infrarotstrahlern auf 6,25 qm pro Gruppe untergebracht.

Die Mittelwerte für die einzelnen Versuchsabschnitte bleiben für die Gruppen 1 bis 3 immer hinter denen von Gruppe 4 und 5 zurück. Dabei liegt Gruppe 3 in allen Fällen etwas unter Gruppe 1 und 2. Die Durchschnittsgewichte von Gruppe

1 und 2 schwanken ständig untereinander. Bei vollem Gehalt an tierischem Eiweiß liegen die Gewichte der Gruppe mit dem Betapanzusatz nach dem 1., 2. und 6.—8. Versuchsabschnitt über der Kontrollgruppe. Die Durchschnittsgewichte von Gruppe 6 bleiben immer hinter denen von Gruppe 5 zurück.

TABELLE 13

∅ Lebendgewicht in g

Schlupfdatum: 31. 3. 1955
Versuchsbeginn: 5. 4. 1955
Versuchsende: 31. 5. 1955

Woche	Gr. 1	Gr. 2	Gr. 3	Gr. 4	Gr. 5	Gr. 6
0	47,7	50,7	50,7	54,8	55,5	44,2
1	109,3	117,4	104,6	187,1	172,6	140,0
2	224,3	213,9	200,3	399,9	397,6	311,3
3	443,3	433,7	408,4	679,9	699,8	585,5
4	707,9	715,5	634,7	1048,3	1078,9	877,6
5	1129,6	1118,6	1024,4	1382,5	1405,7	1251,2
6	1445,8	1457,5	1381,8	1814,8	1777,9	1606,9
7	1874,3	1860,6	1791,4	2192,5	2186,0	2055,4
8	2115,8	2149,2	2103,9	2352,4	2331,0	2234,1
Gesamtzunahme	2068,1	2098,5	2053,2	2297,6	2275,5	2189,9
s %	9,7	8,4	9,9	10,6	6,6	12,2

TABELLE 14

Mischfuttergebrauch in g

Vers.-Ab-schn.	Gr. 1		Gr. 2		Gr. 3		Gr. 4		Gr. 5		Gr. 5	
	T/T	T/V	T/T	T/V	T/T	T/V	T/T	T/V	T/T	T/V	T/T	T/V
1	20,7	144,9	26,8	187,6	22,1	155,4	37,8	265,0	32,1	224,7	26,1	182,8
2	36,3	254,1	33,4	234,4	32,7	229,0	67,8	475,0	71,8	503,2	50,4	353,4
3	75,8	530,6	82,9	580,8	72,6	508,4	103,4	723,9	107,9	755,4	89,3	625,5
4	101,5	710,5	106,0	742,5	94,2	659,5	130,3	912,5	132,6	928,3	107,4	752,3
5	165,3	1157,1	173,9	1217,4	145,4	1018,3	189,7	1327,9	193,1	1352,3	170,0	1190,0
6	161,8	1132,7	174,4	1221,2	164,4	1151,0	211,3	1479,2	206,2	1443,5	182,0	1274,4
7	232,9	1630,3	222,4	1557,4	219,1	1533,9	254,7	1783,3	239,4	1676,1	243,1	1702,3
8	267,2	1870,4	280,2	1961,7	279,0	1953,1	240,7	1685,0	246,5	1726,1	258,0	1806,5
Ges.-vrbr./T		7430,4		7703,0		7208,6		8651,8		8609,5		7887,2

Neben den schon in den ersten Versuchen verabfolgten 4 ccm Vitamin D_2 (90000 IE/ccm)/Gruppe/Woche erhielten alle Versuchsgruppen im 3. Versuch 500 g Möhren/Woche in der 2. und 3. Versuchswoche; in der 4. Versuchswoche 20 g, in der 5. 30 g, in der 6. 40 g, in der 7. und 8. Versuchswoche 60 g Möhren/Tier/Tag. Die Vitamin E-Versorgung wurde durch 7 ccm Tokopharm-Tropfen sichergestellt. Im Bedarfsfalle mußte diese Dosierung verdoppelt werden. Um eine direkte Vergleichsmöglichkeit zu den Versuchen I und II zu behalten, für die eine Berechnung der Futterverwertung noch nicht vorgenommen werden konnte, soll an dieser Stelle nochmals ein Überblick über den Mischfutterverbrauch innerhalb der einzelnen Versuchsabschnitte gegeben werden (Tab. 14).

Der Futterverbrauch in diesem Versuch liegt gegenüber den Versuchen I und II höher, da auf eine Verabreichung von Keimgerste verzichtet werden konnte. Dennoch wird erneut die Tendenz deutlich, daß der Futterverbrauch mit nachlassender Qualität der Zusammensetzung zurückgeht und dementsprechend auch die Gewichtszunahmen zurückbleiben. Im geringeren Maße als in den ersten beiden Versuchen aber doch noch deutlich sichtbar übernimmt der Betapanzusatz eine mit dem Vorhandensein von tierischem Eiweiß vergleichbare Wirkung auf den Futterverzehr. Fast ausnahmslos steigt innerhalb jeder Versuchsgruppe der Futterverbrauch durchgehend bis zum 8. Versuchsabschnitt an, während die Gewichtszunahmen nach dem 7. Versuchsabschnitt in allen Gruppen, besonders kraß aber in den Gruppen 4—6, nachlassen.

TABELLE 15

Übersicht über die Versuchsergebnisse von Versuch III

	Gr. 1	Gr. 2	Gr. 3	Gr. 4	Gr. 5	Gr. 6
Mittelwert in g	2115,8	2149,2	2103,9	2352,4	2331,0	2234,1
Mittelwert in % zu Gruppe 3	100,6	102,2	100,0	111,8	110,8	106,2
s	205,7	180,5	209,1	248,4	152,8	271,9
s%	9,7	8,4	9,9	10,6	6,6	12,2
g Mischfutterverbrauch pro kg Zunahme	3593	3671	3511	3766	3784	3602
Verwertungszahl	235,8	241,0	231,0	237,4	238,6	235,1
Verlust in %	0,0	6,0	2,1	4,0	2,1	4,4

Auf die Futterverwertung ist das Betapan ohne Einfluß geblieben. Dies war auch in Versuch II der Fall. Durch eine auffallend schlechte Futterverwertung im letzten Versuchsabschnitt sind die Verwertungszahlen für die Gruppen 4—6 nicht besser als die der Gruppen 1—3 (Tab. 15). Bei einem Vergleich der Versuchsergebnisse der Versuche I und II mit denen von III fällt auf, daß mit den Gruppen ohne tierisches Eiweiß eine wesentlich bessere Gewichtsentwicklung erzielt werden konnte. Die Ursachen dafür sind in der höheren biologischen Wertigkeit des in Versuch III verwendeten Eiweißes zu suchen. Die Mehrzunahmen durch Betapan werden unbedeutend, was gleichfalls auf den veränderten Nährstoffgehalt der Futterzusammensetzung für die Gruppen 1—3 zurückzuführen ist. Auch in Gruppe 4 blieb erneut eine deutliche Wirkung des Betapans gegenüber Gruppe 5, d. h. also bei einer hochwertigen Futtermischung mit normalem Gehalt an tierischem Eiweiß, aus.

Die relativ niedrigen s%-Werte für die Endgewichte der Gruppen 1—3 zeigen, daß das Fehlen von tierischem Eiweiß nicht zu Mangelerscheinungen geführt hat. Das Versuchsmaterial wies bei Versuchsabschluß eine normale Ausgeglichenheit auf. Der Mischfutterverbrauch pro kg Gewichtszunahme liegt bei den ersten 3 Gruppen sogar etwas günstiger als bei den Gruppen 4 und 5. Diese Erscheinung ergibt sich jedoch nicht für die Verwertungszahlen, da der Gehalt an Gesamtnährstoffen bei den Gruppen ohne tierisches Eiweiß etwas höher liegt als bei den

Gruppen 4 und 5. Für die Höhe der Abgänge ergeben sich keine bedeutsamen Unterschiede zwischen den einzelnen Versuchsgruppen. Auch in diesem Punkt fällt Gruppe 3 nicht wie in den vorhergehenden Versuchen aus dem Rahmen.

Die Differenzen zwischen den beiden Betapandosierungen bei den Mischungen, die kein tierisches Eiweiß enthielten, ließen sich erwartungsgemäß genau so wenig statistisch sichern wie die zwischen rein pflanzlichem Eiweiß mit und ohne Betapan (Tab. 16). Des weiteren ist die Differenz zwischen Normalmischung mit und ohne Betapan nicht signifikant. Es bleibt lediglich bei einem Vergleich mit den ersten beiden Versuchen erneut die Gruppe 1 sehr gut gesichert unter Gruppe 5.

TABELLE 16

Statistische Auswertung von Versuch III

Gegenüberstellung von Gruppe	*D*	*sd*	*t*	*P*%	Sicherung
1 und 2	33,4	39,6	0,8	42,4	—
1 und 3	12,1	42,3	0,3	76,3	—
2 und 3	45,5	40,3	1,1	27,1	—
4 und 5	21,4	42,8	0,5	61,8	—
1 und 5	215,2	37,4	5,76	0,0	o o o
6 und 1	118,3	49,9	2,37	1,6	+
6 und 2	84,9	48,3	1,8	7,2	—
6 und 5	96,9	46,4	2,1	3,6	o

Bei einem gegenüber Gruppe 4 und 5 stark verringerten Gehalt an tierischem Eiweiß ist das Betapan nicht in der Lage, ein Zurückbleiben der Gewichtsentwicklung zu verhindern. Es liegt aber Gruppe 6 statistisch gesichert über Gruppe 1. Diese Erscheinung ist m. E. in erster Linie auf das Vorhandensein von Aminosäuren zurückzuführen, die dem Tierkörper nur über tierisches Eiweiß zur Verfügung standen.

Die Ausschlachtung von 1,2 Tieren aus jeder Gruppe hat wiederum den Einfluß eines Versuchsfaktors auf die Ausbildung eines der untersuchten Körperteile nicht nachweisen können.

Versuch IV

Da sich bei einer optimalen Versorgung mit tierischem Eiweiß in keinem der ersten 3 Versuche eine signifikante Wirkung des Betapans nachweisen ließ, sollte der 4. Versuch einen Hinweis geben, in welchem Umfange tierisches durch pflanzliches Eiweiß ersetzt werden kann, wenn derartige antibiotische Präparate zum Einsatz kommen.

In Gegenwart sowohl von Aureomycin als auch von Terramycin konnten AMSCHLER und PAMMER [2] bei Hühnerkücken den Anteil des tierischen Eiweißes um die Hälfte reduzieren und durch pflanzliches Eiweiß ersetzen. Auf die Versuche von MÜLLER [10] mit Betapan bei Enten wurde bereits eingegangen.

In dem vorliegenden Entenwachstumsversuch entsprach der Anteil an Eiweißkonzentrat und Tierkörpermehl von Gruppe 1 dem von Gruppe III/5. Als

Getreide kam Mais zum Einsatz. Der Prozentsatz an Weizenkleie mußte stark erhöht werden. Bei der Zusammenstellung der Futtermischung für Gruppe 2 wurden die Mengen an Eiweißkonzentrat und Tierkörpermehl von Gruppe 1 um 50% verringert. Dafür kamen 50% der Mengen an Sojaextraktions- und Erdnußkuchenschrot von Gruppe II/3 in die Mischung hinein. Für die dritte Gruppe kamen 1/4 der Eiweißträger von Gruppe III/5 und 3/4 der von II/3 zum Einsatz. Der erforderliche Ausgleich wurde bei der Weizenkleie vorgenommen. Außerdem wurde der Betapanzusatz in Gruppe 2 und 3 als Mischungsbestandteil aufgenommen und als Fischmehl hinsichtlich der Nährstoffe berechnet (Tab. 17).

TABELLE 17

Futterzusammensetzung von Versuch IV in %

	Gr. 1	Gr. 2	Gr. 3
Eiweißkonzentrat	20	10,0	5,00
Tierkörpermehl	3	1,5	0,75
Sojaextraktionsschrot	—	7,5	11,25
Erdnußkuchenschrot	—	7,5	11,25
Maisschrot	40	40,0	40,00
Weizenkleie	35	30,5	28,75
Kalban F	2	2,0	2,00
Betapan	—	1,0	1,00
	100	100,0	100,00

Zusammensetzung des Eiweißkonzentrates wie in Versuch III

Gehalt an Rohnährstoffen nach Römer [13]	Gr. 1	Gr. 2	Gr. 3
Rohprotein	20,29	21,91	22,49
% tierisches Protein im Gesamtrohprotein	38,5	20,5	11,3
% pflanzliches Protein im Gesamtrohprotein	61,5	79,5	88,7
Fett	4,81	4,54	4,41
N-freie Extraktstoffe	48,59	48,43	48,60
Rohfaser	4,62	5,08	5,33
Nährstoffverhältnis	1:2,9	1:2,7	1:2,6

(Rohnährstoffe des Sojaextraktes nach Institut für Tierernährung der Humboldt-Universität)

Da mengenmäßig kein direkter Austausch der Eiweißträger tierischer und pflanzlicher Herkunft erfolgt, sondern bei einer Verringerung des Eiweißkonzentrates und des Tierkörpermehls die Ersatzmengen an Sojaextraktions- und Erdnußkuchenschrot etwas größer waren, steigt der Rohproteingehalt sowie auch der Gehalt an Gesamtnährstoffen in Gruppe 2 und 3 an und das Eiweißverhältnis wird enger. Der Anteil an tierischem Eiweiß am gesamten Rohprotein erhöht sich von Gruppe 3 bis Gruppe 1 ungefähr in dem Verhältnis 1:2:4.

Die Gewichtsentwicklung in Gruppe 2 bleibt nur in der dritten Versuchstetrade stärker hinter Gruppe 1 zurück (Tab. 18). Im Endeffekt ergibt sich für Gruppe 2 ein unbedeutendes Plus von 1,3%. Die Zunahmen von Gruppe 3 liegen in den ersten 4 Versuchstetraden immer unter denen von 1 und 2. In der 4. Versuchstetrade mußte Gruppe 3 noch einmal in einen anderen Auslauf umgesetzt werden, da die Tiere am Tage zu stark beunruhigt wurden. Außerdem liegt die Zunahme für den vorletzten Versuchsabschnitt höher, da ein Kümmerer in der Gruppe verendete.

Im Endergebnis liegt der Futterverbrauch pro kg Zunahme in Gruppe 3 am niedrigsten, die Futterverwertung ist aber in Gruppe 1 am besten (Tab. 19 u. 20). Für diesen Widerspruch findet sich eine Erklärung in dem von Gruppe 1 bis Gruppe 3 ansteigenden Gehalt an Gesamtnährstoffen.

TABELLE 18

Gewichtsentwicklung und Zunahme in g

Schlupfdatum: 14. 4. 1955
Versuchsbeginn: 26. 4. 1955
Versuchsende: 20. 6. 1955

Versuchs-abschnitt	∅-Gewichte in g			∅-Zunahme in g		
	Gr. 1	Gr. 2	Gr. 3	Gr. 1	Gr. 2	Gr. 3
0	70,9	70,9	70,7			
1	269,3	267,1	246,6	198,4	196,2	175,9
2	715,0	752,7	680,0	445,7	485,6	433,4
3	1215,0	1173,3	1082,0	500,0	420,6	402,0
4	1664,0	1678,3	1495,0	449,0	505,0	413,0
5	2020,0	2066,7	1989,6	366,0	388,4	494,6
6	2305,8	2336,7	2211,0	275,8	270,0	221,4
			Gesamtzunahme	2234,9	2265,8	2140,3

TABELLE 19

Mischfutterverbrauch in g

Versuchs-abschnitt	Gr. 1		Gr. 2		Gr. 3	
	T/T	T/V	T/T	T/V	T/T	T/V
1	35,3	353,3	34,6	346,7	35,0	350,8
2	107,4	1074,3	103,6	1036,3	93,5	935,2
3	151,0	1510,0	142,6	1426,7	136,0	1360,0
4	199,6	1996,7	208,8	2088,3	136,3	1663,3
5	258,3	2583,3	261,6	2616,7	257,7	2577,7
6	284,0	1420,0	282,6	1413,4	286,2	1431,0
Gesamt		8937,6		8928,1		8281,1

Die Streuung innerhalb der einzelnen Versuchsgruppen liegt etwas höher als der Durchschnitt der vorhergehenden Versuche, was auf die kleinere Tierzahl zurückzuführen ist. In Versuch IV standen nur 30 Tiere gegenüber 50 bei den anderen Versuchen in jeder Gruppe. Die Werte für s und $s\%$ sind aber bei den Gruppen in Versuch IV ziemlich gleich hoch.

Auf Grund der vorliegenden Versuchsergebnisse (Tab. 21) erscheint eine Verringerung des Anteils an tierischem Eiweiß am Gesamtrohprotein von 38,5 auf 20,5%, d.h. um ungefähr die Hälfte als durchaus möglich, wenn in erhöhtem Maße pflanzliches Eiweiß in Form von Sojaextraktions- und Erdnußkuchenschrot zugeführt wird. Es ist allerdings nicht der Nachweis erbracht, daß das Betapan für die Aufrechterhaltung der normalen Gewichtsentwicklung und Futterverwertung erforderlich war. Auf Grund der geringen Wirkung auf die Eiweißverwertung von hochwertigen Rückständen der ölgewinnenden Industrie, die dieses Präparat in späteren Versuchen und in Versuch III ausübte, erscheint ein derartiger Einfluß als nicht sehr wahrscheinlich. Demnach ist lediglich erwiesen, daß mit 7% tierischen Eiweißfuttermitteln die gleichen Ergebnisse erzielt werden können, wie mit 14%, wenn pflanzliches Eiweiß in ausreichender Menge und Qualität zur Verfügung steht.

TABELLE 20

Übersicht über die Versuchsergebnisse von Versuch IV

	Gr. 1	Gr. 2	Gr. 3
Mittelwert in g	2305,8	2336,7	2211,0
Mittelwert in % zu Gr. 1	100,0	101,3	95,9
s	263,0	267,7	259,2
s %	11,4	11,5	11,7
g Mischfutterverbrauch pro kg Zunahme	3999	3940	3869
Verwertungszahl einschl. Weichfutterzusatz	250,0	253,1	253,4
Verluste in %	0,0	0,0	3,3

TABELLE 21

Statistische Auswertung von Versuch IV

Gegenüberstellung von Gruppe	D	sd	t	P %	Sicherung
1 und 2	31,0	68,5	0,45	61,8	—
1 und 3	94,8	68,0	1,39	16,0	—
2 und 3	125,8	68,6	1,8	7,2	—

Bei 3,5% tierischen Eiweißträgern, das entspricht einem Anteil von 11,3% an Gesamtrohprotein, bleiben die Durchschnittsgewichte um 4,1% hinter Gruppe 1 und um 5,4% hinter Gruppe 2 zurück. Selbst diese Differenz erscheint als statistisch nicht gesichert, was gleichfalls auf die kleinere Tierzahl pro Versuchsgruppe zurückzuführen ist. Sie liegt jedoch mit $P\% = 7{,}2$ hart an der Grenze der statistischen Sicherung. Es empfiehlt sich, jedenfalls nach den Ergebnissen von Gruppe 3, ein derartig niedriger Anteil an tierischem Eiweiß auch dann nicht, wenn relativ große Mengen an hochwertigem pflanzlichen Eiweiß unter Zusatz von Antibiotika gegeben werden. Es fehlt leider wiederum eine Vergleichsmöglichkeit für die Wirkung von Betapan, so daß lediglich festgestellt werden kann, daß letzteres nicht in der Lage war, ein Absinken der Gewichtsentwicklung und der Futterverwertung zu verhindern. Ein direkter Vergleich der Ergebnisse des 4. Versuches mit den Untersuchungen von MÜLLER [10] ist nicht möglich, da MÜLLER einen wesentlich geringeren Anteil an pflanzlichen Eiweißkraftfuttermitteln in seiner Mischung hatte. Die von RUDOLPH [14] angegebenen 5% tierisches Eiweiß stellen jedenfalls auch bei einem Zusatz von Betapan die untere

Grenze dar. Die Feststellung von Amschler und Pammer [2], daß das tierische Eiweiß gegenüber den gebräuchlichen Zusammensetzungen bei Hühnerkücken in Gegenwart von Antibiotika um ungefähr die Hälfte reduziert und durch pflanzliches Eiweiß ersetzt werden könnte, läßt sich nach den vorliegenden Untersuchungen auch auf die Entenaufzucht übertragen. Allerdings muß, wie schon erwähnt, auf Grund meiner weiteren Versuche angenommen werden, daß bei Vorhandensein größerer Mengen an hochwertigem pflanzlichen Eiweiß ein antibiotischer Zusatz wirkungslos ist.

Zusammenfassung

In den Versuchen des Jahres 1954 hat das Präparat Betapan in 2 Dosierungen mit 800 und 400 g pro dz Mischfutter bei einer Futterzusammensetzung, die kein tierisches Eiweiß enthielt, sehr gut gesicherte Wachstumseffekte von 18—63% erbracht. Die pflanzliche Eiweißbasis war wohl vielseitig, aber mit Ausnahme von 12% Erdnußkuchenschrot aus nicht besonders hochwertigen pflanzlichen Eiweißträgern zusammengesetzt. Die höhere Betapandosierung übertraf die niedrigere signifikant. Das Betapan war jedoch nicht in der Lage, die Gewichtsentwicklung soweit zu verbessern, daß sie hinter der normal ernährter Enten nicht mehr zurückstand. Bei normaler Eiweißversorgung blieb es ohne Wirkung.

Das Betapan bleibt gleichfalls ohne signifikante Wachstumswirkung, wenn die Eiweißversorgung nur mit Futtermitteln pflanzlicher Herkunft vorgenommen wird und diese aus hochwertigen pflanzlichen Eiweißträgern (15% Sojaextraktions- und 15% Erdnußkuchenschrot) bestehen.

Bei gestaffeltem Gehalt an tierischem Eiweiß ergibt sich für 10% Eiweißkonzentrat und 1,5% Tierkörpermehl unter Zusatz von Betapan gegenüber 20% Eiweißkonzentrat und 3% Tierkörpermehl kein Nachlassen der Gewichtsentwicklung, wenn in erhöhtem Maße hochwertiges pflanzliches Eiweiß eingesetzt wird. Bei einer weiteren Reduzierung um die Hälfte der tierischen Eiweißkraftfuttermittel bleibt die Gewichtsentwicklung auch in Gegenwart von Betapan zurück.

Резюме

В опытах 1954 г. препарат бетапан, примешанный к комбикорму в двух дозах — по 800 и 400 гр. на один центнер комбикорма — вызвал при составлении кормов без животных белков, весьма значимые эффекты роста, в размере 18—63%. Хотя растительная основа и была разнообразной, она все же за исключением 12% шрота арахиса, состояла из не особенно высококачественных растительных белков. Повышенная дача бетапана в своем действии значимо превосходила меньшую. Бетапан однако не был в состоянии до такой степени улучшить развитие веса, чтобы оно не уступало развитию веса уток, получавших нормальное кормление. При нормальном белковом кормлении он не оказал никакого действия.

Бетапан также остается без значимого влияния на рост, если снабжение белками происходит исключительно за счет высококачественных кормов растительного происхождения (15% экстракционного шрота сои и 15% шрота арахиса).

При дифференцированном содержании животных белков, от применения 10% белкового концентрата и 1,5% костно-мясной муки с добавкой бетапана по сравнению с 20% белковым концентратом и 3% костномясной мукой не получается отставания в развитии веса, если в повышенной степени используется высококачественный растительный белок. При дальнейшем сокращении белковых концентратов животного происхождения в два раза, развитие веса отстает и при наличии бетапана.

Summary

During the experiments in 1954, the preparation Betapan given in 2 dosages of 800 and 400 g per dz mixed provender which contained no animal protein exhibited a significant effect of 18—63% upon the growth of ducks. The basis of the vegetable protein was indeed many-sided but did not compose of particularly high-grade protein-containing feeding stuffs of vegetable origin, 12% crushed groundnut-cake excepted. The higher dosage of Betapan surpassed significantly the lower one. Hower, the Betapan could not improve the weight to such an extent so that is was equal to that of normally fed ducks. A normal protein supply had no effect. The Betapan has also no significant effect upon the growth when the protein supply has been undertaken with vegetable feeding stuffs only and the same consist of high-grade protein-containing feeding stuffs of vegetable origin (15% soy extraction- and 15% crushed groundnut-cake). With a differenciated content of animal protein, 10% protein concentrates and 1,5% meat meal with an addition of Betapan showed — as against 20% protein concentrates and 3% meat meal — no decrease in weight when a high-grade vegetable protein has been used at a greater rate. When reducing the animal protein concentrates by half the quantity, the development of weight lags behind even in the presence of Betapan.

Literaturverzeichnis

[1] Amschler, J. W. u. H. Pammer: Die Bodenkultur, 7. Jhg. H. 4 (1953).
[2] Amschler, J. W. u. H. Pammer: Archiv für Geflügelkunde, 18. Jhg. H. 7 S. 197 (1954).
[3] Branion, Dh., G. W. Anderson u. D. C. Hill: Poultry Science, Vol. 32, Nr. 2 S. 335 (1953).
[4] Buhrmann: Futter u. Fütterung, Beilage zum Tierzüchter, Nr. 28, März 1953.
[5] Degener, W.: Archiv für Tierernährung 3, 314 (1953).
[6] Fangauf, R.: Vortrag auf dem Symposion über Antibiotika in der Tierernährung, München, 9.—11. 9. 1954.
[7] Fangauf, R.: Dtsch. Wirtschaftsgeflügelzucht, 6. Jhg. H. 39.
[8] Fangauf, R.: Der Geflügelhof Nr. 11, Zollikofen b. Bern, 16. 3. 1956.
[9] Lehmann, F.: Archiv für Geflügelkunde 1. Jhg., S. 213.
[10] Müller, H.: Archiv für Geflügelzucht und Kleintierkunde, 4. Bd., H. 4 (1955) (aus dem Manuskript entnommen).
[11] Müller, H.: Dtsch. Geflügelzeitung Nr. 8 (1957).
[12] Nowak, H.: Archiv für Geflügelkunde H. 1/2, S. 35 (1956).
[13] Römer, R.: Die Fütterung des Geflügels, 10. Auflage. Nährstofftabellen. Verlag F. Pfenningstorf.
[14] Rudolph, W.: Deutsche Landwirtschaft H. 5 (1956).
[15] Schmidt, R.: Der Geflügelhof, 17. Jhg. H. 23 (1954); Lederle Mitteilungen H. 3 (1954).

Verfasser: Dr. R. Doehl, Blumberg, Krs. Bernau, Versuchsstation II

Weitere Versuche über die Futterwahl der Tauben
Über die Beteiligung des Gesichtssinnes

Von Carlheinrich Engelmann, Rostock

Aus dem Institut für Landwirtschaftliches Versuchs- und Untersuchungswesen Rostock der Deutschen Akademie der Landwirtschaftswissenschaften zu Berlin; (Direktor: Prof. Dr. Dr. h. c. K. NEHRING)

Nach den ersten Versuchen über die Futterwahl der Tauben, aus denen die „Beliebtheit“ oder „Rangordnung“ der einzelnen gebräuchlichen festen Futterstoffe hervorging und die Art ihrer Bewertung (ENGELMANN 1956), lockte es, zu prüfen, in welchem Umkreis Tauben auf dem Erdboden ausgelegtes Futter liegen sehen und aufsuchen. Aus den bisherigen Versuchen über den Gesichtskreis der verschiedenen Geflügelarten geht hervor, daß Hühner in der Nähe recht scharf sehen, Weizen- und Maiskörner sogar schärfer als die scharfäugigen Gänse, die wie Enten mehr auf Fernsicht eingestellt sind, wobei die Gänse am besten abschneiden. Augenhöhe, Netzhautbildgröße, Aufmerksamkeit, psychische Hemmungen und die angeborene Art der Futtersuche bestimmen gemeinsam die Leistungshöhe. Hier sollen die Ergebnisse entsprechender Versuche mit Tauben dargestellt werden, die als reine Flieger besonders scharfe Augen haben müßten.

Zu den Versuchen in dem bereits früher beschriebenen Glashaus (ENGELMANN 1952, S. 91, Abb. 1) dienten zwei Feldflüchter, eine blaue Strassertäubin und ein Paar Koburger Lerchen, vom 1. August 1955 bis zum April 1956. Die Ergebnisse sind darum mit den voraufgegangenen gut vergleichbar. Die Tauben, denen ich jederseits vier Schwungfedern ausgezogen hatte, gingen frei auf dem Boden umher und versuchten nur am Schluß der täglichen Versuche, hochzuflattern, um sich nicht fangen zu lassen.

Wiederum legte ich Gruppen von 15 Weizenkörnern, 8 Erbsen oder 5 Maiskörnern oder Einzelkörner in gleichem Abstand voneinander in verschiedenen Richtungen auf dem Boden aus und beobachtete, von den Tieren meist ungesehen, aus welcher Entfernung sie darauf zugingen. Manchmal diente ein tiefer Steingutteller mit Hanf oder Raps als Sehobjekt.

Die flugbehinderten Tauben waren scheuer als die anderen Geflügelarten, wirkten befangen und ließen die Versuchsanordnung lange Zeit unbeachtet. Als ich sie anfangs mit zugebundenen Flügeln ins Glashaus setzte, zerrten sie unablässig an der Fessel und bekamen auch mehrmals einen Flügel frei. Später, mit gezogenen Schwingen, putzten sie oft mit entmutigender Ausdauer ihr Gefieder und beachteten die ausgelegten Körner nicht, selbst wenn sie vorher zwei oder drei Tage gehungert hatten. Erst nach 2 bis 3 Wochen täglicher Versuchsarbeit schauten sie nach dem Futter aus und suchten; die Hühner hatten das bereits nach wenigen Minuten getan (ENGELMANN 1952, S. 92). Aber auch dann liefen die Tauben noch an manchen Futterhaufen blindlings vorbei und nahmen nur im Vorübergehen einige Körner auf. So oft sie Deckungsmöglichkeiten sahen, nutzten sie sie aus. Wenn z. B. ein Mitscherlichwagen in das Glashaus gezogen wurde, versteckten sie sich sofort darunter. Bis zum Schluß liefen sie lieber in

Richtung der Schienen, also lieber längs durchs Glashaus als quer, und versagten deshalb leicht, wenn sie eine seitlich gelegene Körnergruppe hätten aufsuchen müssen.

1. Körnergruppen als Ziel

Weizen. Die 15 Weizenkörner hoben sich nicht deutlich vom grauen Zementfußboden ab. Die Tauben erreichten im großen und ganzen die Leistungen der Zwerghühner, übertrafen also wie diese die Enten nicht unerheblich. Der kritische Abstand, bei dem die Tauben die Körnergruppen nur noch bei besonderer Aufmerksamkeit sehen, lag bei 3 m. Aus 4 m Entfernung gingen sie in keinem Fall mehr zu dem Köder.

TABELLE 1

Weizen, Körnergruppen. Anzahl positiver Versuche in Prozent. Am = Abstand in m; n = Anzahl der Versuche. Dieselben Symbole in den folgenden Tabellen

Am	Gänse			Enten			Zwerghühner			Tauben		
	+ %	± m	n	+ %	± m	n	+ %	± m	n	+ %	± m	n
1							100		43	95,2	3,3	42
2	98,0	1,9	52	33,3	4,7	95	85,1	4,8	54	84,2	2,6	195
3	65,2	4,0	141	12,5	2,5	155	27,3	3,9	132	31,0	3,7	158
4	18,2	3,7	110	0		70	0		34	0		110

Erbsen. 8 graugrüne Feld- oder gelbe Speiseerbsen fanden die Tauben sofort bis auf 3 m Abstand:

TABELLE 2

Erbsen, Korngruppen

Am	Feldflüchter			Strasser		
	+ %	± m	n	+ %	± m	n
2	100		32	94,4	3,8	36
3	62,6	4,9	96	56,8	7,4	44
4	0		38	0		25

Besonders schwer entschlossen sie sich, wenn die Erbsen zwischen zwei zusammengehörigen Schienen, also etwas tiefer lagen; auch scheuten sie offenbar die Nähe der Glashauswände.

Mais. Als letztes Gruppenfutter verwendete ich Mais, da Feldflüchter sich erst spät daran gewöhnten; die Koburger Lerchen fraßen ihn sogleich:

TABELLE 3

Mais, Körnergruppen

Am	Gänse			Enten			Zwerghühner			Tauben		
	+ %	± m	n	+ %	± m	n	+ %	± m	n	+ %	± m	n
3	100		15	95,5	1,4	210	95,3	2,7	64	75,4	2,6	268
4	100		10	31,7	4,2	120	80,6	3,6	119	35,3	3,5	187
5	100		73	3,8	1,7	130	38,8	3,7	175	5,6	3,1	57
6	100		60	0		30	20,3	5,2	59	0	—	15
7	75,0	4,1	108	—								
8	37,2	3,2	202									
9	0		30									

Hier leisten die Tauben sichtlich weniger als die Zwerghühner und etwa soviel wie die Enten, vielleicht weil Tauben Mais nicht besonders schätzen, was mit seiner Verzehrbarkeit zusammenhängen mag. Doch gab es auffällige Rassenunterschiede; gerade die großen schweren Strasser und Koburger Lerchen mit ihrer großen Schlundweite, die Mais mühelos schlucken können, leisten mehr als die soviel kleineren Feldflüchter:

TABELLE 4

Mais, Körnergruppen. Unterschiede im Verhalten der Rassen

Am	Feldflüchter			Strasser			Koburger Lerchen		
	+ %	± m	n	+ %	± m	n	+ %	± m	n
3	56,3	8,8	32	79,6	3,7	119	76,9	3,9	117
4	8,0	5,4	50	35,5	5,4	79	34,9	4,8	103
5	0		20	10,0	6,7	20	5,9	5,7	17

Ebenso verschieden verhielten sich die Rassen vor einzelnen Maiskörnern.

2. *Einzelkörner als Ziel*

Mais. Auch hier erreichen die Tauben nicht ganz die Leistungen der Zwerghühner; sie finden das einzelne Maiskorn bei 3 m Abstand nur noch in Längsrichtung und auf dem breiten Streifen zwischen 2 Schienenpaaren. Man hat den Eindruck, als ob sie sich nicht sonderlich anstrengten, den Mais zu finden.

TABELLE 5

Mais, Einzelkorn

Am	Gänse			Enten			Zwerghühner			Tauben		
	+ %	± m	n	+ %	± m	n	+ %	± m	n	+ %	± m	n
2	100		20	73,2	3,9	128	90,6	3,4	74	76,4	3,9	110
3	68,3	3,1	218	50,5	3,0	162	38,4	3,7	172	24,3	4,0	117
4	25,2	2,9	227	0		40	39,3	4,4	145	0		89
5	0						0					

Wiederum werden die leichten Feldflüchter von den schweren Rassen übertroffen:

TABELLE 6

Mais, Einzelkorn. Unterschiede zwischen den Taubenrassen

A m	Feldflüchter			Strasser			Koburger Lerchen		
	+ %	± m	n	+ %	± m	n	+ %	± m	n
2	56,6	6,8	53	100		14	93,0	3,9	43
3	12,0	6,4	25	35,7	12,4	15	28,6	5,1	77
3,5	5,0	6,9	20	24,0	6,0	50	25,6	7,0	39
4,0	0		40	0		32	0		17

Weizen. Die Tauben sehen die einzelnen Weizenkörner genau so gut wie es die Zwerghühner taten: Noch auf 1 m Abstand finden sie jedes vierte ausgelegte Korn; die Enten sahen einzelne Weizenkörner bei dieser Entfernung schon nicht mehr; die großen Gänse sahen etwas, die großen Hähne sehr viel besser bzw. weiter:

TABELLE 7

Weizen, Einzelkorn

A m	Gänse			Enten			Zwerghühner			Tauben		
	+ %	± m	n	+ %	± m	n	+ %	± m	n	+ %	± m	n
0,5	100		20	64,0	3,0	250	82,0	4,2	83	93,0	2,7	86
0,7	84,0	7,3	25	17,1	2,4	205	66,0	3,3	208	75,6	3,4	155
1,0	45,2	5,8	73	0		55	13,1	4,1	69	27,8	3,3	187
1,2	0		83				0		29	8,3	3,5	60
1,5										0		25

Zwischen den Angehörigen der drei Taubenrassen bestehen hier keine statistisch gesicherten Unterschiede mehr.

Weißer Teller oder Artgenossen als Ziele

Vor der Aufgabe, einen weißen tiefen Teller aus wechselnder Entfernung aufzusuchen — oder Artgenossen, die in größerem Abstand auf den Boden gesetzt waren, versagten die Tauben im Gegensatz zu Hühnern, Gänsen und Enten völlig. Sie waren derart ängstlich, daß sie den „Sehzielen" nie die erforderliche Aufmerksamkeit zuwenden konnten. Die hier erzielten Ergebnisse sind darum mit den bisherigen der anderen Geflügelarten nicht vergleichbar.

Besprechung der Ergebnisse

Die Versuche mit den Tauben litten darunter, daß diese Flieger, um ihre Flugfähigkeit gebracht und allein auf den Erdboden angewiesen, unsicher und ängstlich wurden und nur selten unbefangen reagierten. Die Prüfungen mit dem Teller und den Artgenossen, die am meisten „Wagemut" beim Überwinden der räumlichen Entfernungen verlangten, scheiterten daran.

Hinzukommt, daß die körperliche Beanspruchung der Tauben beim Hin- und Hergehen zweifellos größer ist als beim stets „trainierten" Scharrvogel Huhn: Bei ruhiger Gangart hat die Taube eine Schrittlänge von 10 bis 12 cm, das Huhn dagegen von 19—20 cm, die durch ihre Fußbefiederung behinderten Zwergkochins noch von 15 cm. Die gleiche Wegstrecke ist mithin für die Tauben fast doppelt so beschwerlich wie für das Huhn.

In den Versuchen mit Körnern stört die Furchtsamkeit der Tauben das Ergebnis noch am wenigsten, weil hier die Entfernungen im ganzen gering waren und nicht allzuviel Anstrengungen von den Versuchstieren verlangten. Immerhin ist auch hier fraglich, ob die Tauben tatsächlich Höchstleistungen vollbrachten, wie es für die anderen Geflügelarten zweifellos zutrifft. Bisher dienten als Köder oder Blickfang Körner, die in der „Reihe abnehmender Beliebtheit" an erster oder zweiter Stelle standen. Für die Tauben gibt es aber begehrtere Futterstoffe als Weizen oder gar Mais, die hinter Hanf und Raps an 3. bzw. letzter Stelle stehen (ENGELMANN 1956, S. 44), vor allem, weil die Feldflüchter den Mais nur mit Mühe verzehren konnten.

In jenen voraufgegangenen Versuchen hatten die Feldflüchter eine allerdings größere Maissorte gänzlich verschmäht. In jetzigen Kontrollversuchen nahmen die neu hinzugekommenen Strasser und Koburger Lerchen den Mais neben Weizen zu 97,2% ± 2,7% an, die Feldflüchter zu 30,0% ± 8,3% — und das erst nach einigen Hungertagen.

Die unterschiedlichen „Sehleistungen" der drei Taubenrassen in den Maisversuchen (Tab. 6) dürften darum mit der ungleichen Beliebtheit des Maises zu erklären sein. Die sinnesphysiologischen Fähigkeiten sind wahrscheinlich bei allen drei Taubengruppen die gleichen. Bezeichnenderweise stimmen die Leistungen bei dem gleichmäßig geschätzten Weizen sehr gut überein. Auch die ungleiche Körpergröße (Augenhöhe) spielt wohl eine Rolle, doch sind die Unterschiede in der Schnabelhöhe, -länge und Schlundweite beträchtlicher:

Rasse	Augenhöhe		Schnabellänge		Schnabelhöhe		Schlundweite	
	cm	%	cm	%	cm	%	cm	%
Feldflüchter	18,0	100	1,2	100	0,7	100	1,1	100
Strasser	22,5	125	2,2	183	1,0	143	1,5	136
Kob. Lerchen	23,5	130	2,4	200	1,2	172	1,6	145
Zwerghenne	20,0	111	1,7	142	0,9	128	1,5	136
Zwerghahn	26,0	144	1,8	150	1,2	172	1,8	163

Im ganzen erreichten die Tauben die Leistungen der etwa gleich großen Zwerghühner. Da die Hühner als äußerst scharfäugig, zumal in der Nähe, gelten müssen (ENGELMANN 1952, 1954 und 1955) und der Gesichtskreis von der Augenhöhe und der Güte des optischen Apparats bestimmt wird, sind die Sehleistungen der Tauben in der Nähe als sehr gut zu bezeichnen. Besonders, wenn man bedenkt, daß die Tauben bei geringerer Scheu vielleicht noch mehr hätten erreichen können. Sehr wahrscheinlich ist die Annahme allerdings nicht, weil die hier ermittelten Grenzen wohl bereits durch die Augenhöhe festgelegt sind.

Über die allgemein bekannten, im einzelnen noch nicht geprüften Fernsehleistungen der Taube lassen diese Versuche keine Aussage zu. Beim Feldern werden die hier auf dem glatten Zementboden ermittelten Leistungen nicht annähernd erreicht werden, weil die Unebenheit des Geländes, die Ablenkung durch andere Reizquellen und die Hast bei der Futtersuche eine größere Aufmerksamkeit gegenüber dem Futter gar nicht gestatten.

Zusammenfassung

An insgesamt 5 Tauben, je einem Paar Feldflüchter und Koburger Lerchen, sowie einer einzelnen Strassertäubin, wurde geprüft, auf welche Entfernung sie im Glashaus Körnergruppen und Einzelkörner von Weizen, Erbsen und Mais, sowie im Freien Artgenossen und Teller erblicken und aufsuchen.

Die Tauben sahen die Maiskorngruppe bestenfalls auf 4 m, die Weizen- und Erbsengruppe und ein einzelnes Maiskorn auf 3 m, ein Weizenkorn auf 1 m. Sie leisteten damit dasselbe wie Zwerghühner bei etwa gleicher Augenhöhe. Nur in den Versuchen mit Mais blieben die Tauben — um 1 m — hinter den Zwerghühnern zurück, weil diese Körnerart bei ihnen nicht so beliebt war. Die Sehleistungen hängen danach außer von der Augenhöhe, der Netzhautbildgröße des Sehdings, der Aufmerksamkeit, psychischen Hemmungen und der angeborenen Art der Futtersuche auch von der Beliebtheit (dem inneren „Reizwert“) des Sehdings ab. In den Versuchen mit einem Teller und mit Artgenossen versagten die Tauben.

Резюме

На 5 голубях, в том числе на паре ,,Фельдфлюхтер'', на паре ,,Кобургер Лерхен'' и на одной голубине породы ,,Штрассер'', проверялось на какое расстояние они в стеклянном доме в состоянии увидеть и подобрать отдельные зерна пшеницы, гороха и кукурузы, а под открытым небом заметить других голубей и тарелки.

Голуби замечали группу зерен кукурузы в лучшем случае на расстояние 4 метров, а группу зерен пшеницы и гороха, а также отдельное зерно кукурузы — на расстояние 3 метров, 1 зерно пшеницы они замечали на расстояние одного метра. Результат был такой же, как у кур карликовой породы при примерно той же высоте глаз. Только в опытах с кукурузой голуби отставали от кур карликовой породы на один метр, потому что зерна этого вида приходятся им не по вкусу. Согласно этому способность зрения зависит не только от высоты глаз, размера картины на сетчатке, объекта зрения, внимания, психических торможений и от прирожденного способа подыскивания корма, а также еще от излюбленности (внутренного ,,влияния раздражения'') объекта зрения. В опытах с тарелкой и с другими голубями, голуби не справились с поставленной задачей.

Summary

Experiments were made on five pigeons, a pair of common pigeons and of "Koburger Lerchen" and a single female "Strasser", to ascertain at what distance they would recognize a group of grains and single grains of wheat, peas and maize in a glass house, and a white plate and members of their own species in open country.

The pigeons recognized a group of maize grains just at 4 meters, a single wheat grain at 1 meter. They reached here the visual performance of Bantams, which had nearly the same visual horizon. Only in the studies with corn the pigeons did not react like the Bantams, because they liked this kind of grain less. The visual reactions of the species mentioned depend therefore not only on visual horizon, size of retinal image of the object to see, attentiveness, shyness and the innate manner of getting food, but on the objects favour as foodstuff. The pigeons failed in the experiments with a plate and members of their own species.

Literaturverzeichnis

ENGELMANN, C.: Versuche über den Gesichtskreis des Huhns. Z. f. Tierpsychol. 9, 91—102 (1952). — Ders.: Versuche über die Futterwahl der Enten. Die Beurteilung von Getreidekörnern und -schroten. Arch. f. Geflügelzucht und Kleintierkunde 2, 103—111 (1953). — Ders.: Versuche über den Gesichtskreis der Enten. Z. f. Tierpsychol. 11, 436—445 (1955). — Ders.: Versuche über den Gesichtskreis der Gans. Ebenda 12, 266—276 (1955). — Ders.: Versuche über die Futterwahl der Tauben. Arch. f. Geflügelzucht und Kleintierkunde 5, 39—49 (1956).

Verfasser: Dr. CARLHEINRICH ENGELMANN, Rostock, Graf-Lippe-Straße 1

Die Aufzucht und der Futterverbrauch der Ziegenlämmer bis zu einem Jahr bei unterschiedlicher Verabreichung von Voll- und Magermilch

Von W. Altenkirch, Dummerstorf

Aus dem Institut für Tierzuchtforschung Dummerstorf der Deutschen Akademie der Landwirtschaftswissenschaften zu Berlin; (Direktor: Prof. Dr. W. STAHL)

Die Aufzucht der Ziegenlämmer wird in Dummerstorf nach den allgemein in der Praxis üblichen Methoden durchgeführt. Sie beginnt sogleich mit der Geburt, d.h. die Lämmer bekommen am ersten Tag die Colostral- oder Biestmilch ihrer Mutter zugeführt, ebenso wird das Gemelk der Mutter für die ersten drei Lebenstage den Ziegenlämmern verabreicht. Vom vierten Tag an werden die Lämmer vom Gesamtgemelk der Mutter getränkt.

Das Nichtsaugenlassen der Ziegenlämmer hat wohl für den Ziegenhalter den Vorteil, sofern er ein Lamm tatsächlich aufzieht, daß er bald möglichst in den Genuß der Milch kommt. Der Ziegenzüchter wiederum sieht es als eine bessere Aufzucht- und Ernährungsmaßnahme seiner Lämmer aus dem Grunde an, weil bei den häufigen Mehrlingsgeburten die Milchentnahme durch mehrere Lämmer nicht kontrollierbar ist und die stärkeren Lämmer die schwächeren vom Euter abdrängen, vor allem dann, wenn die Milchleistung des Muttertieres nicht dem Gesamtbedarf der Lämmer entspricht.

Für die künstliche Aufzucht ist allerdings größte Sorgfalt erforderlich, da Ernährungsstörungen oft leichter eintreten als beim natürlichen Saugakt.

Saubere Melkgefäße, um die Milch hygienisch einwandfrei zu erhalten, sind neben der sauberen Gewinnung bei vorherigem Reinigen des Euters unerläßlich. Vor allem ist die Milch stets frisch und blutwarm zu verabreichen, d.h. die Milchtemperatur soll nicht unter 37° liegen. In dem Dummerstorfer Ziegenstall wird bei der Vielzahl der zu tränkenden Lämmer die Tränkmilch in einem Wasserbad konstant bei 38° gehalten. Wichtig ist auch das strikte Einhalten der Tränk- und Futterzeiten der Lämmer. Das Tränken der Lämmer erfolgt in den ersten 3 Wochen viermal täglich und zwar um 7, 10, 14 und 17 Uhr.

Das spätere dreimalige Tränken findet um 7, 14 und und 18 Uhr statt. Um die Lämmer während der nächtlichen Ruhezeit nicht zu hungrig werden zu lassen, wird während der ersten 8 Tage um 20 Uhr noch eine Tränkzeit eingeschoben. In der übrigen Zeit wird die letzte Milchgabe etwas reichlicher als die anderen bemessen. Im Durchschnitt handelt es sich um Milchmengen von 100g, die beim letzten Tränken mehr aufgenommen werden.

a) *Der Milchverbrauch*

In den Tabellen 1 und 2 werden aus den Jahren 1950 und 1951 die errechneten tatsächlich verbrauchten Milchmengen bei 17 Lämmern der Weißen Edelziege (Tab. 1) und 15 Lämmern der Thüringer Waldziege (Tab. 2) wiedergegeben.

Gleichzeitig werden in den Tabellen die für die betreffenden Lämmer geltenden Lebendgewichte der betreffenden Versuchsabschnitte angeführt. Ausgehend vom Geburtsgewicht wurden die Zeitabschnitte 28, 56 und 100 Tage gewählt. Während

TABELLE 1

Die Entwicklung der Lämmer der Dt. Weißen Edelziege bei unterschiedlichen Vollmilchgaben

	1950	1951
a) Körpergewicht in kg		
⌀ Geburtsgewicht	3,25	3,57
28 Tagegewicht	7,10	7,80
56 Tagegewicht	11,70	15,15
100 Tagegewicht	19,93	23,10
b) Vollmilchverbrauch in kg		
bis 28 Tage	33,35	29,79
bis 56 Tage	62,34	85,08
bis 100 Tage	81,41	153,85
c) Magermilchverbrauch in kg		
bis 28 Tage	1,72	—
bis 56 Tage	16,59	—
bis 100 Tage	43,65	9,03

TABELLE 2

Die Entwicklung der Lämmer der Thüringer Waldziege bei unterschiedlichen Vollmilchgaben

	1950	1951
a) Körpergewichte in kg		
⌀ Geburtsgewicht	3,47	3,00
28 Tagegewicht	7,47	8,65
56 Tagegewicht	12,40	15,85
100 Tagegewicht	19,70	25,30
b) Vollmilchverbrauch in kg		
bis 28 Tage	34,50	35,39
bis 56 Tage	56,37	87,83
bis 100 Tage	71,40	145,89
c) Magermilchverbrauch in kg		
bis 28 Tage	1,9	—
bis 56 Tage	22,1	—
bis 100 Tage	56,9	13,3

im Jahr 1950 ab vierter Lebenswoche mit dem Entzug von Vollmilch und ersatzweiser Magermilch begonnen wurde, wurde im Jahre 1951 nur in den letzten Tagen die Magermilch nach Entzug der Vollmilch zum Überführen in die feste Nahrung gewährt. Es sollte damit versucht werden, festzustellen ob die Entwicklung der Lämmer bei voller Gewährung des Milchfettgehaltes eine bessere gegenüber der bei Magermilch ist. Ergänzend sei noch bemerkt, daß der Magermilch im Jahre 1950 je kg 50 g Hafermehl zugesetzt wurden, da die zu frühe Verabreichung von festen Futterstoffen, besonders an Heu, leicht zu Verdauungsstörungen infolge der noch nicht völlig arbeitsfähigen Mägen führen kann.

Auffallend ist zunächst der hohe Verbrauch an reiner Vollmilch bei beiden Rassengruppen im Jahre 1951 gegenüber 1950. Durch die Zufütterung von 50 g Hafermehl im Aufzuchtjahr 1950 je kg Magermilch ist anscheinend ein schnelleres Sättigungsgefühl bei den Lämmern erreicht worden.

Der durchschnittliche Gesamtmilchverbrauch je Ziegenlamm ergibt nachstehende Werte:

		1950	1951
Dt. Weiße Edelziege	Vollmilch kg	81,41	153,85
	Magermilch kg	43,65	9,03
	Sa. kg	**125,06**	**162,88**
Thür. Waldziege	Vollmilch kg	71,40	145,89
	Magermilch kg	56,90	13,30
	Sa. kg	**128,30**	**159,19**

Der Unterschied zwischen den beiden Jahren ist sehr offensichtlich, hält sich aber zwischen den beiden Rassengruppen nahezu in gleicher Höhe. Der durchschnittliche Verbrauch an reiner Vollmilch liegt bei den Thür. Waldziegen bedeutend niedriger mit 10,01 bzw. 7,96 kg. Beim Verbrauch an Magermilch liegen die Verhältnisse umgekehrt.

Zur Frage nach der Wirtschaftlichkeit des Milchverbrauches zwischen den beiden Rassengruppen einerseits und des erhöhten Vollmilchverbrauches andererseits, seien zunächst die Zahlen des Gesamtzuwachses in kg angegeben.

	1950	1951
Dt. Weiße Edelziege	16,68	19,53
Thür. Waldziege	16,23	22,30

Damit wurden im Jahre 1951 bei den weißen Edelziegenlämmern durch Verfütterung reiner Vollmilch 2,85 kg und bei den Thür. Waldziegen sogar 6,07 kg Mehrzunahme erreicht. Die täglichen Durchschnittszunahmen in g zeigen:

	1950	1951
Dt. Weiße Edelziege	179	221
Thür. Waldziege	163	266

Der Gesamtmilchverbrauch in kg je kg Lebendgewichtszunahme ergab:

	1950	1951
Dt. Weiße Edelziege	7,5	8,3
Thür. Waldziege	7,9	7,1

Hierbei schneiden bei den reinen Vollmilchgaben die Thür. Waldziegenlämmer wesentlich besser ab. Mit 1 kg Milch wurden an täglichem Fleischzuwachs in g erzielt:

	1950	1951
Dt. Weiße Edelziege	133	120
Thür. Waldziege	127	140

KRONACHER und KLIESCH [1], die gleichfalls bei einem Aufzuchtsversuch nur reine Vollmilchgaben verwendeten, hatten einen Gesamtmilchverbrauch bis zur 9. bzw. 10. Lebenswoche von 71,73 kg zu verzeichnen. Es wurden dabei Durchschnittslebendgewichte von 13,12 kg erzielt.

In Merbitz errechneten MAASH und KUNZE [2] 75,2 kg Vollmilch und 112 kg Magermilch. Diese Mengen wurden sowohl an Bock- und Mutterlämmer verabreicht. Auch in Dummerstorf werden diesbezüglich bei der Verabreichung der Gesamtmilchmengen an Bock- und Mutterlämmer keine Unterschiede gemacht, die in der Praxis noch häufig zu beobachten sind.

Die inzwischen bei den Ziegen erreichte Frühreife kommt bei einem Vergleich mit einem Aufzuchtversuch aus dem Kreise Braunschweig in den 20er Jahren dieses Jahrhunderts am besten zum Ausdruck, wobei bis zur 20. Lebenswoche 202 kg Vollmilch und 105 kg Magermilch neben weiteren Kraftfuttergaben von 16 kg DLG Mischfutter III, 23 kg Hafer und 14 kg Trockenschnitzel erforderlich waren, um ein Lebendgewicht von 30 kg zu erreichen. Bis zur 12. Lebenswoche waren allein an Milchgaben erforderlich:

167,950 kg Vollmilch und 35,700 kg Magermilch.

Die Überprüfung einiger Körpermaße der beiden geprüften Rassengruppen hinsichtlich ihrer Entwicklung bei unterschiedlichen Vollmilchgaben ergab, daß sich in der Zeit vom 56. bis zum 100. Lebenstage bei jenen Lämmern, die reine Vollmilch erhielten, eine außerordentlich starke Entwicklung besonders in der Brusttiefe, Rippenbrustbreite, Umdreherbreite und Brustumfang bemerkbar machte. Auch die Körperlänge zeigte erhebliche Unterschiede. Weniger betroffen wurde die Höhenmaße, ein Zeichen dafür, daß die Tiere in ihrer Gesamtheit breiter, rumpfiger und tonniger ausfielen.

b) *Der sonstige Futterverbrauch*

Mit der dritten Lebenswoche wurde mit der langsamen Beifütterung von 20 g Heu je Lamm und Tag begonnen. Ab fünfter Lebenswoche setzten dann Hafergaben in Höhe von 50 g je Lamm und Tag ein. Die weiteren Futtermittelzulagen sind aus der Tab. 3 zu ersehen, die dem allgemein üblichen Futterplan für Ziegenlämmer entsprechen. Allen Lämmern wurden die gleichen Futtermengen zugeteilt. Die zugewogenen Futtermengen wurden jeweils restlos aufgefressen. Infolge Platzmangels war es leider nicht möglich, die Lämmer in Einzelfütterung zu nehmen.

TABELLE 3

Der wöchentliche Futterbedarf in g je Lamm bis zur 43. Lebenswoche

	Heu	Hafer	Kraftfutter	Wruken	Grünfutter
ab 3. Lebenswoche	20				
ab 5. Lebenswoche	50	50			
ab 6. Lebenswoche	50	100			
ab 7. Lebenswoche	100	150			
ab 8.—12. Lebenswoche	200	200	100		Grünfutter bis zur
ab 13.—15. Lebenswoche		250	150		Sättigung, meist
ab 16.—24. Lebenswoche		300	200		Weidegang (Füt-
ab 25.—32. Lebenswoche	300	300	200		terung wie Alt-
ab 33.—43. Lebenswoche	500	300	200	1000	tiere)

Das Kraftfutter ab 8. Lebenswoche bestand zunächst aus je 50% Weizenkleie und Gemengeschrot, darunter Bohnen- und Erbsenschrot, ab 13. Lebenswoche aus $^1/_3$ Weizenkleie und Gemengeschrot und ab 16. Lebenswoche aus 50% Gemengeschrot und 50% Trockenschnitzel.

Insgesamt wurden bis zur 43. Lebenswoche je Ziegenlamm verbraucht:

	kg
Hafer	101,60
Weizenkleie	2,80
Gemengeschrot	23,45
Trockenschnitzel	19,60
Wruken	34,00
Heu	63,98

Bis zum Alter von einem Jahr waren unter Berücksichtigung des Trächtigseins der Tiere insgesamt verabreicht worden:

	kg
Hafer	121,00
Weizenkleie	5,35
Gemengeschrot	29,80
Trockenschnitzel	26,30
Wruken	124,00
Wiesenheu	89,00

Der Gesamtfutterverbrauch im ersten Lebensjahr nach KRONACHER und KLIESCH [1] betrug bei ihren Untersuchungen:

	kg
Hafer	148,00
Weizenkleie	5,00
Luzerneheu	98,00
Mohrrüben	26,00

Zu erwähnen ist noch, daß je Tier und Tag mit Verabreichung fester Futterstoffe eine Mineralstoffgabe von 2 g Futterkalk gegeben wurde. Bei den vorstehend angegebenen Gesamtfuttermitteln ist weiterhin zu berücksichtigen, daß die herangewachsenen Jungziegen inzwischen trächtig geworden waren und zum Teil sogar schon abgelammt hatten, so daß eine mengenmäßige Erhöhung einzelner Futtermittel eintreten mußte. Damit ist ein Vergleich der noch nicht als ausgewachsen anzusprechenden Jungtiere untereinander nicht mehr möglich.

Zusammenfassend ist zu sagen, daß die reinen Vollmilchgaben bei den Thür. Waldziegen einen besseren Effekt hinsichtlich der täglichen Zunahmen erzielten, daß aber vom Standpunkt der Wirtschaftlichkeit derartig hohe Vollmilchgaben, wie im vorliegenden Versuch verabreicht, nicht unbedingt vertretbar und notwendig sind.

Zusammenfassung

In den Zuchtjahren 1950 und 1951 wurden im Institut für Tierzuchtforschung Dummerstorf Aufzuchtversuche an weiblichen Ziegenlämmern der Deutschen weißen Edelziege und der Thüringer Waldziege bei unterschiedlicher Verabreichung von Voll- und Magermilch durchgeführt. Gleichzeitig wurde der Gesamtfutterverbrauch bis zum Trächtigwerden dieser Jungtiere ermittelt. Die Entwicklung der Lämmer wurde durch Lebendgewichtsfeststellungen und Körpermessungen von der Geburt an verfolgt. Das Futter wurde zugewogen. Bei reinen Vollmilchgaben wurden gegenüber der Verabreichung von Magermilch bei den Deutschen weißen Edelziegenlämmern ein Mehrzuwachs von 2,85 kg und bei den Thüringer Waldziegenlämmern sogar von 6,07 kg erreicht. Vom Standpunkt der Wirtschaftlichkeit sind jedoch die im vorliegenden Versuch verabreichten hohen Vollmilchgaben trotz des besseren Effektes hinsichtlich der Zunahmen nicht unbedingt vertretbar.

Резюме

В Институте животноводства в Думмерсторфе в 1950 и 1951 гг. производились опыты по выращиванию козочек Немецкой белой благородной козы и Тюрингской лесной козы. Для кормления использовали дифференцированные дачи цельного молока и обрата. Одновременно устанавливался общий расход кормов до начала беременности этих молодых животных. За развитием козлят следили с рождения путем определения живого веса и измерения экстерьера. Корм взвешивался. При скармливании чистого цельного молока получился добавочный вес, который составлял у Немецкой белой благородной козы 2,85 кг, а у Тюрингской лесной козы даже 6,07 кг. С точки зрения хозяйственности, скормленные в этом опыте большие дачи цельного молока, несмотря на лучший эффект относительно увеличения живого веса, не безусловно оправдываются.

Summary

In the breeding years 1950 and 1951 the Institute of Animal Breeding Research Dummerstorf made experiments concerning the rearing of female kids of the Deutsche weiße Edelziege and Thüringer Waldziege with different quantities of unskimmed and skimmed milk. At the same time the total food consumption until the period of pregnancy was ascertained. The development of the kids was observed from birth by determining the live weight and measuring the body. The food was weighed out. When feeding pure unskimmed milk the kids of the Deutsche weiße Edelziege had an increased weight of 2,85 kg and the weight of the kids of the Thüringer Waldziege was increased by even 6,07 kg. Considering the economy, such high quantities of unskimmed milk as given during the experiment in question are not absolutely recommended and necessary though they resulted in a better effect with regard to the increase in weight.

Literaturverzeichnis

[1] KRONACHER, C. u. C. KLIESCH: Die Körperentwicklung der Ziege von der Geburt bis zum Alter von einem Jahr unter Berücksichtigung des Nährstoffbedarfs und der Nährstoffverwertung der Lämmer sowie der Ernährung und Leistung der Muttertiere. Zeitschrift für Tierzüchtung u. Züchtungsbiologie, XI, Heft 2, S. 149—241.

[2] MASSH, H.-J. u. B. KUNZE: Stand der Ziegenzucht im Landesinstitut für Kleintierzucht „Merbitz" Nauendorf (Saalkreis). Archiv für Geflügelzucht und Kleintierkunde, 4, Heft 2/3, S. 96—115 (1955).

Verfasser: Dr. W. ALTENKIRCH, Dummerstorf, Post Kavelstorf

Fütterungsversuche bei Kaninchen mit verschieden konservierten Grünfuttermitteln

Aus der Ernährungsphysiologischen Abteilung (Leiter Prof. Dr. NESENI) des Institutes für Tierzuchtforschung der Deutschen Akademie der Landwirtschaftswissenschaften zu Berlin (Direktor: Prof. Dr. STAHL)

Von R. Neseni und B. Scheven, Dummerstorf b. Rostock

Im Archiv für Tierernährung haben wir ausführlich über unsere Versuche berichtet, welche mit verschieden konservierten Grünfuttermitteln, im Besonderen künstlich getrockneten (k. g.), an Hammeln durchgeführt wurden. Damit parallel liefen Untersuchungen über die Bestimmung der Verdaulichkeit bei Kaninchen. Da solche Untersuchungen an Kaninchen noch wenig vorliegen, soll über dieselben eine kurze Mitteilung erfolgen. MANGOLD und FANGAUF [4] führen von k. g. Futtermitteln nur die Zuckerschnitzel an und aus den Angaben über getrocknete Süßlupinen und getrocknete Wruckenblätter ist nicht ersichtlich, ob es sich um natürlich oder k. g. Ware handelt. Auch konnte eine Arbeit von MILLER, WANGH und MATRONE [6] gefunden werden, welche Ladinoklee, Weidegras und Gartengras (bei 55—60° getrocknet) untersuchten, während SCHÜRCH [9] Angaben über k. g. Wiesengras und NEHRING und SCHRAMM [7] solche über einige Rauhfuttermittel machen. H. BRÜGGEMANN [1] prüfte neben Getreidekörnern, Saftfutter und Gärfutter auch einige Heuarten sowie die grüne Luzerne und Süßlupine (ausführliche ältere Literatur).

Nachdem aber die k. g. Futtermittel in der Tierernährung eine immer größere Rolle spielen, erschien es notwendig, auch die Verwendbarkeit dieser Stoffe für das Kaninchen zu prüfen.

Bei den Versuchstieren handelte es sich um solche verschiedener Rassen und zwar um 2 Schwarzloh-, ein Widder-, ein Chinchilla- und ein Hermelinkaninchen. Die Tiere bekamen täglich 2mal Futter und auch Wasser zugewogen. Der Kot der Tiere, die sich in Stoffwechselkäfigen befanden, wurde 2mal täglich gesammelt, gewogen und ein aliquoter Teil unter Chloroformzusatz bis zum Ende der 10tägigen Hauptperiode aufbewahrt. Die Wägung der Tiere erfolgte am ersten und letzten Versuchstag.

Die Verdaulichkeit der Futtermittel

Die Ergebnisse der Verdauungsversuche sind in den folgenden Tabellen zusammengestellt:

1. Grünklee 52/II

Bei dem untersuchten Klee handelt es sich um Stoppelklee, der täglich frisch gemäht wurde. Während der Durchführung der Versuche in der Zeit vom 13. 10. bis 22. 10. kamen die Tiere in den Haarwechsel und konnte der Kot nicht restlos von den anhaftenden Haaren befreit werden. Infolgedessen sind die N-Werte im Kot höher und die gefundenen Verdauungskoeffizienten (VK) sind als Minimalwerte anzusehen.

TABELLE 1

	TS	org. S.	Rohprotein	Rohfett	Rohfaser	Nfr. E.-St.
Nährst. im Futter %	19,67	16,71	2,77	0,79	3,31	9,84
Verdaulichkeit %	73,48	75,94	74,26	72,89	64,91	80,37
Verdaul. Nährst. %	14,48	12,69	2,06	0,58	2,15	7,90

Gesamt-Nährstoffe (GN.) 13,44, Eiweiß: GN. = 1:6,52.

2. Reuterklee 52/I

Mahd Mitte Juni, eingefahren Mitte Juli. Das Futter hatte beim Versuchsbeginn eine Lagerzeit von etwa 2 Monaten hinter sich.

TABELLE 2

	TS	org. S.	Rohprotein	Rohfett	Rohfaser	Nfr. E.-St.
Nährst. im Futter %	87,27	80,24	13,21	2,85	20,81	43,37
Verdaulichkeit %	72,11	71,38	85,12	77,27	54,98	74,67
Verdaul. Nährst. %	62,93	57,27	11,24	2,20	11,44	32,39

GN.: 60,13, Eiweiß: GN. = 1:5,35.

3. Reuterklee 52/II (Stoppelklee)

Das Futter wurde zu Beginn der Blüte Ende September gemäht und Anfang November eingefahren. Versuchszeit 1 Monat später.

TABELLE 3

	TS	org. S.	Rohprotein	Rohfett	Rohfaser	Nfr. E.-St.
Nährst. im Futter %	70,30	63,85	18,30	2,14	18,11	25,30
Verdaulichkeit %	60,88	60,15	71,82	50,82	54,53	56,53
Verdaul. Nährst. %	42,80	38,40	13,14	1,08	9,87	14,30

GN. 39,83, Eiweiß: GN. = 1:3,03.

4. K. g. Klee 51/I

TABELLE 4

	TS	org. S.	Rohprotein	Rohfett	Rohfaser	Nfr. E.-St.
Nährst. im Futter %	85,78	74,51	15,41	1,56	17,79	39,75
Verdaulichkeit %	62,13	60,36	72,54	43,84	33,57	68,27
Verdaul. Nährst. %	53,30	44,97	11,18	0,68	5,97	27,14

GN.: 45,85, Eiweiß: GN. = 1:4,10.

5. K. g. Klee 52/II

Das Futter wurde von den Kaninchen nicht gern aufgenommen und die nicht aufgezehrten Bestandteile setzten sich in der Hauptsache aus Stoppeln zusammen, die von sämtlichen Tieren zurückgelassen wurden.

TABELLE 5

	TS	org. S.	Rohprotein	Rohfett	Rohfaser	Nfr. E.-St.
Nährst. im Futter %	95,06	76,84	12,57	2,21	20,28	41,78
Verdaulichkeit %	64,69	66,27	75,14	50,73	51,26	70,94
Verdaul. Nährst. %	61,49	50,92	9,45	1,12	10,40	29,64

GN.: 52,07, Eiweiß: GN. = 1:5,51.

6. Zuckerrübenblatt frisch 52

Das frische Rübenblatt (Anfang November gewonnen) wurde von den Tieren sehr gern gefressen. Das Widderkaninchen bekam während der Hauptperiode Durchfall und wurde ausgeschieden.

TABELLE 6

	TS	org. S.	Rohprotein	Rohfett	Rohfaser	Nfr. E.-St.
Nährst. im Futter %	20,38	14,12	1,84	0,49	2,52	9,27
Verdaulichkeit %	80,23	89,86	83,24	72,22	89,38	92,15
Verdaul. Nährst. %	16,35	12,69	1,53	0,35	2,25	8,54

GN. 13,13, Eiweiß: GN. = 1:8,58.

7. K. g. Zuckerrübenblatt 52

Die Tiere erhielten je 100 g des Futters, doch wurde dieses von ihnen nicht ganz verzehrt und in der Hauptsache die freien Bestandteile zurückgelassen.

TABELLE 7

	TS	org. S.	Rohprotein	Rohfett	Rohfaser	Nfr. E.-St.
Nährst. im Futter %	83,22	70,10	10,65	2,26	9,80	47,39
Verdaulichkeit %	77,55	79,77	66,92	68,81	69,41	85,22
Verdaul. Nährst. %	64,53	55,92	7,13	1,55	6,80	40,39

GN. 57,89, Eiweiß: GN. = 1:8,12.

8. K. g. Wickroggen 52

Der Wickroggen wurde reichlich spät getrocknet, so daß der Rohfasergehalt ein hoher war. Lagerung des Futters etwa 7 Monate.

TABELLE 8

	TS	org. S.	Rohprotein	Rohfett	Rohfaser	Nfr. E.-St.
Nährst. im Futter %	88,01	78,53	9,40	2,76	25,94	40,43
Verdaulichkeit %	67,82	66,54	82,38	71,83	56,52	68,94
Verdaul. Nährst. %	59,69	52,25	7,74	1,98	14,66	27,87

GN. 54,82, Eiweiß: GN. = 1:7,08.

9. K. g. Wickweizen 52

Lagerung des Futters etwa 9 Monate.

TABELLE 9

	TS	org. S.	Rohprotein	Rohfett	Rohfaser	Nfr. E.-St.
Nährst. im Futter %	89,21	83,10	9,30	2,20	23,34	48,26
Verdaulichkeit %	62,79	62,79	76,57	64,19	44,17	69,07
Verdaul. Nährst. %	56,01	52,17	7,12	1,41	10,31	33,33

GN. 54, Eiweiß: GN. = 1:7,58.

Besprechung der Ergebnisse

In der nachfolgenden Tab. 10 sind nun die gefundenen VK der untersuchten Futtermittel in einer Übersicht zusammengefaßt.

TABELLE 10

Vergleich der VK bei Kaninchen und Hammeln

	Tierart	TS	org. S.	Rohprotein	Rohfett	Rohfaser	Nfr. E.-St.
Grünklee 52/II	Ka	73,60	75,94	74,26	72,89	64,91	80,37
	Ha	53,56	60,42	59,96	59,91	45,92	65,29
Reuterklee 52/I	Ka	72,11	71,38	85,12	77,27	54,98	74,67
	Ha	64,58	65,80	70,44	75,47	69,89	61,77
dto. 52/II	Ka	60,88	60,15	71,82	50,82	54,53	56,33
	Ha	58,15	60,99	71,28	45,26	70,48	48,03
k. g. Klee 51	Ka	62,13	60,36	72,54	43,84	33,57	68,27
	Ha	65,93	69,72	70,30	49,23	61,82	73,84
dto. 52/II	Ka	64,69	66,27	75,14	50,73	51,26	70,94
	Ha	54,33	60,87	65,74	52,90	53,82	63,25
Rübenblatt frisch	Ka	80,23	89,86	83,24	72,22	89,38	92,15
	Ha	69,82	85,01	67,17	51,75	87,69	89,59
Troblako	Ka	77,85	79,77	66,92	68,81	69,41	85,22
	Ha	65,89	71,24	49,32	47,19	65,82	78,45
k. g. Wickroggen	Ka	67,82	66,54	82,38	71,83	56,52	68,94
	Ha	74,54	78,06	70,60	90,11	83,40	75,55
k. g. Wickweizen	Ka	62,79	62,79	76,57	64,19	44,17	69,07
	Ha	69,82	73,49	66,71	64,19	64,59	79,49

Wenn wir die VK des Grünfutters (Rotklee und Zuckerrübenblatt) mit denen der daraus hergestellten Konserven vergleichen, so sehen wir, daß auch beim Kaninchen die Konservierung im allgemeinen eine Verminderung der VK zur Folge hatte, die bei einzelnen Nährstoffen eine ansehnliche Höhe erreichen kann. Dieser Abfall beträgt z. B. beim Kleefutter bei der org. Substanz bis 15%, bei der Rohfaser 10% und bei den Nfr. Extr.-St. sogar 24%. Dagegen sind die VK des Rohproteins nur wenig verschieden. Beim Rübenblatt ist aber der VK des Rohproteins im Trockenblatt um 16%, der der Rohfaser sogar um 20% niedriger als im Frischblatt. Von ähnlichen Futtermitteln werden folgende VK für die organ. Substanz angegeben:

Luzerne grün	81,5	(SCHLOLAUT [8])
Luzerne trocken	61,3	
Luzerne 3. Schnitt	65	(NEHRING und SCHRAMM [7])
Luzerne Heu	67,5	
Süßlupine frisch	78,9	(H. BRÜGGEMANN [1])
Süßlupine trocken	59,4	

MILLER, WAUGH und MATRONE [6] fanden gleichfalls Unterschiede zwischen frischen und bei 55—60° getrockneten Futtermitteln:

	Rohprotein	Rohfaser	Nfr. E.-St.
Ladinoklee frisch	86,8	65,2	88,8
Ladinoklee k. g.	83,6	64,4	85,7
Hohes Weidegras frisch	84,4	22,8	40,4
Hohes Weidegras getr.	81,1	26,2	41,4
Gartengras frisch	79,5	27,6	42,0
Gartengras getr.	75,0	37,3	47,7

Die Herabsetzung der Verdaulichkeit des Rohproteins durch die Trocknung ist signifikant bei allen 3 untersuchten Futterarten. Von MEIER [5] wurden gleichfalls Verdaulichkeitsbestimmungen durchgeführt und hierbei folgende VK festgestellt:

	Rohprotein	Rohfaser	Nfr. E.-St.
Luzerne	76	21	76
Rotkleeheu	64	26	68

In unseren Versuchen liegen die VK für Rohprotein und Rohfaser höher, für NfE dagegen niedriger, was wahrscheinlich mit der verschiedenen Beschaffenheit des Ausgangsmaterials zusammenhängt.

Die Tab. 10 bringt gleichzeitig einen Vergleich der VK zwischen Kaninchen und Hammel. Dabei kann festgestellt werden, daß der VK für Trocken- und organ. Substanz bei den Hammeln i. allg. niedriger liegt als beim Kaninchen. Eine Ausnahme machen k. g. Klee, k. g. Wickroggen und k. g. Wickweizen. Das

Rohprotein verdauen die Hammel schlechter als die Kaninchen, während das Rohfett bei den k. g. Futtermitteln wieder von den Hammeln besser ausgenutzt wird. In der Rohfaserverdauung sind i. allg. die Hammel besser; die NfE werden aber, mit Ausnahme bei den k. g. Futtermitteln, von den Kaninchen besser verdaut. Im allgemeinen kann man aber sagen, daß die Grünfuttermittel, wie auch NEHRING und SCHRAMM [7] feststellten, von den Kaninchen höher ausgenutzt werden als von den Hammeln.

Nun wurden, wie schon eingangs erwähnt, für die Versuche Einzeltiere verschiedener Rassen resp. Größen benutzt. Inwieweit sich diese beiden Faktoren auf die VK auswirken, soll in nachfolgendem noch gezeigt werden, wenn sich mit Rücksicht auf die Zahl der Tiere kein endgültiges Ergebnis wird feststellen lassen und auch die individuellen Schwankungen zu berücksichtigen sind. In Tab. 11, S. 110 sind die VK von organ. Subst., Rohprotein und Rohfaser bei den Einzeltieren vergleichend zusammengefaßt.

Wenn wir diese Zusammenstellung betrachten, so sind wohl die geringsten Schwankungen der VK beim Rohprotein zu finden. Dagegen scheinen sich die VK der organ. Subst. und der Rohfaser bei einigen Futtermitteln (Grün- und Reuterklee) zumindest mit abnehmender Größe der Tiere zu erhöhen, was auch für das Troblako zutreffen dürfte. Jedenfalls wird es notwendig sein, zur Klärung dieser Frage noch weitere Versuche mit einer größeren Anzahl von Tieren aus verschiedenen Rassen durchzuführen. Unter Berücksichtigung der festgestellten VK wurden nun für die untersuchten Futtermittel folgende Werte an verdaulichen Nährstoffen, die ja für die Berechnung der Futterrationen die Grundlage bilden sollen, gefunden. Die Tab. 10 zeigt gleichzeitig auch die Menge der Gesamt-Nährstoffe (GN) und das „Eiweißverhältnis" (EV) an.

TABELLE 12

Verdauliche Nährstoffe (Prozent)

Futtermittel	TS	org. S.	Roh- protein	Roh- fett	Roh- faser	NfE	verd. Eiw.	GN	E: GN = 1:
Grünklee 52/II	14,3	12,9	2,1	0,6	2,1	7,9	2,1	13,4	6,52
Reuterklee 52/I	62,9	57,3	11,2	2,2	11,4	32,4	11,2	60,1	5,35
Reuterklee 52/II	42,8	38,4	13,1	1,1	9,9	14,3	13,1	39,8	3,03
k. g. Rotklee 52/I	53,3	45,0	11,2	0,7	6,0	27,1	11,2	45,9	4,10
k. g. Rotklee 52/II	61,5	50,9	9,4	1,1	10,4	29,6	9,4	52,1	5,51
Rübenblatt frisch	16,3	12,7	1,5	0,3	2,2	8,5	1,5	13,1	8,58
Troblako	64,5	55,9	7,1	1,5	6,8	40,4	7,1	57,9	8,12
k. g. Wickroggen	59,7	52,2	7,7	2,0	14,7	27,9	7,7	54,8	7,08
k. g. Wickweizen	56,0	52,2	7,1	1,4	10,3	33,3	7,1	54,0	7,58

GN = Gesamt-Nährstoffe, EV = Eiweiß-Verhältnis.

Es wird nicht abwegig sein, die von uns gefundenen Werte über den Gehalt an verdaulichen Nährstoffen mit denen von anderen Untersuchern festgestellten Werten zu vergleichen, wie sie besonders von MANGOLD und FANGAUF angeführt werden.

	org. Subst.	Roh-protein	Roh-fett	Roh-faser	NfE	GN	
Gras frisch	10,1	2,4	0,3	1,5	5,9	10,5	(MANGOLD und FANGAUF [4])
Luzerne frisch	13,6	3,7	0,3	3,2	6,5	14,0	
Luzerne Heu	40,9	13,0	0,5	7,4	20,0	41,5	
Süßlupine frisch	11,4	2,8	0,3	2,7	5,5	11,8	
Süßlupine trocken	47,0	11,3	2,6	8,3	24,7	50,4	
k.g. Wiesengras	80,2	13,9	5,1	18,9	42,3	63,0	(SCHÜRCH [9])
Rotklee-Weide		3,2			8,0	14,1	
Rotklee-Beginn d. Blüte		2,3			8,5	10,8	
Rotklee-Vollblüte		2,0			9,0	11,0	
Zuckerrübenblatt		1,3			8,6	9,9	(LEHMANN [3])
+ Köpfe trocken		5,5			47,3	52,8	

Vergleichen wir diese Literaturangaben mit den eigenen Ergebnissen, so stimmen beim Rohprotein und den NfE die Mengen in den Grünfuttermitteln gut überein und auch beim getrockneten Rübenblatt sind keine großen Unterschiede vorhanden. Wenn wir nun die Menge der GN in Betracht ziehen, so zeigt sich, daß zwar der frische Rotklee und die Zuckerrübenblätter einen höheren Gehalt daran haben als Gras und frische Süßlupine und etwa den gleichen wie frische Luzerne, daß aber unsere Werte gut mit den von LEHMANN [3] angeführten verglichen werden können, wenn sie auch für Grünklee und Frischblatt etwas niedriger, für Troblako aber höher liegen. Das Reuterheu entspricht etwa dem Wert von Luzerneheu, während die k. g. Futtermittel, ob es sich nun um Rotklee, Rübenblatt oder Wickroggen und Wickweizen handelt, in ihren GN-Werten bedeutend höher liegen.

Die Nährstoffaufnahme

Im Zusammenhang mit dem Gehalt an verdaulichen Nährstoffen ergibt sich die Frage, welche Mengen dieser Futtermittel gegeben werden müssen, damit sich die Tiere im Körpergleichgewicht erhalten, also welches die Höhe des Erhaltungsfutters ist.

Wenn wir die Tabelle 13, S. 110 betrachten, so ist vor allem festzustellen, daß vom Grünklee alle Rassen, mit Ausnahme des Hermelins, etwa 300 g davon aufnehmen, das Hermelin aber nur etwa 120 g. Die darin enthaltene Menge an GN betrug etwa 40 g, beim Hermelin nur 16 g. Diese Mengen genügten nicht, um die Tierkörper im Gleichgewicht zu erhalten. Es muß daher etwas Kraftfutter zugefüttert werden. Ähnlich liegen die Verhältnisse beim Reuterklee 52/I, von welchem 120—160 g, vom Hermelin (He) nur 54 g aufgenommen wurden. Bessere Resultate zeigte der Reuterklee 52/II, von dem etwas geringere Mengen von 110—140 (He = 55) g aufgenommen und damit bei allen Tieren eine Gewichtszunahme erzielt wurde. Eine Erklärung gibt das EV, welches beim Grünklee 1:6,5, Reuterklee 52/I 1:5,3, beim Reuterklee 52/II aber 1:3 betrug. Vom k. g. Klee 51 wurden vom Widder (Wi) 173, vom Schwarzloh 1 (SL) 92 g und damit 63 resp. rund 42 g GN aufgenommen und immer eine Zunahme erzielt, dagegen war bei SL 2 die Menge von 86 g zu gering, um das Gewicht halten zu können. Vom k. g. Klee 52/II erhielten Widder und Chinchilla (Ch) rd. 150 g,

TABELLE 11

Einfluß der Rasse auf die VK

	organische Substanz					Rohprotein					Rohfaser				
	Wi	Ch	SL 1	SL 2	He	Wi	Ch	SL 1	SL 2	He	Wi	Ch	SL 1	SL 2	H
Grünklee 52/II	74,3	76,6	73,2	76,3	79,2	73,9	77,1	73,0	71,6	75,7	61,0	67,7	52,7	65,3	77,9
Reuterklee 52/I	64,5	—	69,9	72,3	78,8	84,8	—	82,5	85,6	87,6	43,2	—	51,9	52,6	72,5
Reuterklee 52/II	59,5	56,1	58,8	63,2	63,1	71,4	69,1	72,7	73,5	72,3	46,7	44,4	54,6	64,8	62,1
k. g. Klee 51	62,6	—	60,9	57,6	—	73,6	—	72,7	71,4	—	38,2	—	33,8	28,8	—
k. g. Klee 52/II	63,8	61,4	70,1	63,2	66,8	73,5	71,6	82,4	70,8	77,4	46,8	47,3	65,5	50,9	45,8
Rübenblatt frisch	92,9	91,6	88,1	90,4	86,3	90,8	88,4	78,4	83,0	75,6	88,4	96,2	85,1	92,4	88,8
Troblako	—	76,8	72,8	80,3	82,2	—	64,0	48,5	66,8	70,0	—	63,3	60,0	70,9	73,9
k. g. Wickroggen	73,6	—	63,9	62,1	—	86,4	—	80,4	80,2	—	65,3	—	52,8	51,4	—
k. g. Wickweizen	61,9	—	63,9	62,6	—	75,8	—	78,2	75,7	—	45,4	—	49,5	37,6	—

TABELLE 13

Futteraufnahme und Gewichtsentwicklung während der Hauptperiode

	GN	Wi			Ch			SL 1			SL 2			He		
		Futter g	GN g	Gewicht ± g	Futter g	GN g	Gewicht ± g	Futter g	GN g	Gewicht ± g	Futter g	GN g	Gewicht ± g	Futter g	GN g	Gewicht ± g
Grünklee 52/II	13,4	323,7	43,4	—600	302,6	40,5	—220	329,9	44,2	—180	267,2	35,8	—130	115,9	15,5	—140
Reuterklee 52/I	60,1	160,1	96,2	—140	.	.	.	127,6	76,7	— 90	122,8	73,8	± 0	53,7	32,3	— 60
Reuterklee 52/II	39,8	132,8	52,8	+190	136,9	54,5	+160	118,6	47,2	+ 20	110,7	44,1	+ 40	54,7	21,7	+ 50
k. g. Klee 51	45,9	172,8	63,2	+ 90	.	.	.	91,7	42	+ 60	86,4	39,6	— 20	.	.	.
k. g. Klee 52/II	57,1	146,5	76,3	— 60	150,2	78,3	+ 10	136,7	71,3	— 10	122,9	64	+ 40	53,9	28,1	— 20
Rübenblatt frisch	13,1	544,2	71,3	—170	556,2	72,9	+ 40	522,5	68,4	+ 20	534,8	70,1	— 50	237,5	31,1	+ 20
Troblako	57,9	.	.	.	86	49,8	+ 30	91,7	53,1	—190	97,3	56,3	— 10	41,2	23,8	— 10
k. g. Wickroggen	54,8	178,2	97,6	+540	137,1	75,1	+130	115,7	63,4	+ 90	.	.	.	.	.	.
k. g. Wickweizen	54,0	161	86,9	+ 40	133,7	72,2	— 10	119	64,3	+290	.	.	.	.	.	.

TABELLE 14

Wasser-Aufnahme und Abgabe

	Wi 85							Chinchilla							Schwarzloh 115						
	Aufnahme			Ausgabe			Bilanz	Aufnahme			Ausgabe			Bilanz	Aufnahme			Ausgabe			Bilanz
	Futter	Tränke	Sa.	Kot	Harn	Sa.		Futter	Tränke	Sa.	Kot	Harn	Sa.		Futter	Tränke	Sa.	Kot	Harn	Sa.	
Grünklee	260	.	260	21,4	248	269,2	— 9,2	243,1	.	243,1	20,3	172	192,3	+50,8	265	.	265	20,6	198	218,6	+46,4
Reuterklee I	20,4	435	455,4	101,5	290	391,5	+ 63,9		.	.	.	.	.	.	16,2	232	248,2	88	101	189	+59,2
Reuterklee II	35,5	288	323,5	60,3	203	263,3	+ 60,2	36,6	210	246,6	56,7	117	173,7	+72,9	31,7	173	204,7	47,7	112	159,7	+45
k. g. Klee I	24,6	399	423,6	95	228	323	+100,6		.	.	.	.	.	.	13—	162	175	53,1	76	129,1	+45,9
k. g. Klee II	7,2	284	291,2	66,4	166	232,4	+ 58,8	7,4	209	216,4	76,2	83	159,2	+57,2	6,7	170	176,7	75,5	71	146,5	+30,2
Rübenblatt frisch	433,3	.	433,3	18,4	412	450,4	— 17,1	442,8	.	442,8	21,7	350	371,7	+71,1	416	.	416	33,1	366	399,1	+16,9
Troblako	.	.	.	.	.	.	.	14,4	203	217,4	33,1	117	150,1	+67,3	15,4	183	198,4	30,1	80	110,1	+88,3
k. g. Wickroggen	21,4	387	408,4	152,2	203	355,2	+ 53,2	.	.	.	.	.	.	.	16,4	227	243,4	118,2	73	191,2	+52,2
k. g. Wickweizen	17,4	491	508,4	111,2	290	401,2	+107,2	.	.	.	.	.	.	.	14,4	207	221,4	77	62	139	+82,4
Ø	*21,1	381	388	*97,7	255	335,7	+ 52,2	*19,4	207	273,3	*55,3	168	209,4	+63,8	*16,2	193	239	*70	147	187	+51,8

	Schwarzloh 3							Hermelin						
	Aufnahme			Ausgabe			Bilanz	Aufnahme			Ausgabe			Bilanz
	Futter	Tränke	Sa.	Kot	Harn	Sa.		Futter	Tränke	Sa.	Kot	Harn	Sa.	
Grünklee	214,6	.	214,6	19,6	157	176,6	+ 38	93,1		93,1	5,5	82	87,5	+ 5,6
Reuterklee I	15,6	242	257,6	78	66	144	+ 113,6	6,8	83	89,8	36,9	31	67,9	+21,9
Reuterklee II	29,6	128	157,6	40,6	69	109,6	+ 48	14,6	76	90,6	23,2	40	63,2	+27,4
k. g. Klee I	12,3	135	147,3	40,4	64	104,4	+ 42,9		.	.	.	.	.	.
k. g. Klee II	6,1	147	153,1	55,5	49	104,5	+ 48,6	2,7	81	83,7	21,1	21	42,1	+41,6
Rübenblatt frisch	425,8	.	425,8	35,4	308	343,4	+ 82,4	189,1	.	189,1	3,2	156	159,2	+29,9
Troblako	16,3	178	194,3	39,1	73	112,1	+ 82,2	6,9	83	89,9	19	32	51	+38,9
k. g. Wickroggen	13,9	169	182,9	89,4	70	159,4	+ 23,5		.	.	.	.	.	.
k. g. Wickweizen	12,8	193	205,8	60,9	68	128,9	+ 76,9		.	.	.	.	.	.
Ø	*16,6	170	215,5	* 58	103	153,7	+ 61,8	*7,6	80,7	106	*25	60,3	78,5	+27,6

* ohne Grünfutter.

die SL 122—137 g und das He 54 g. Die zugeführte Menge an GN betrug bei den größeren Tieren 70—80 g, beim He nur 28 g. Drei der Versuchstiere zeigten eine Abnahme. Das EV war beim k. g. Klee 51 1:4,1, beim k. g. Klee 52/II aber 1:5,5. Vom frischen Rübenblatt wurden mit Ausnahme des He (240 g) Mengen von über 500 g verzehrt. Trotz der damit verbundenen Aufnahme von über 70 g (He 31 g) GN wurde bei 2 Tieren eine Abnahme registriert und auch bei diesem Futter war ein weites EV (1:8,6) festzustellen. Ähnliche Verhältnisse liegen beim Troblako vor, von welchem Ch und SL rd. 90 g, das He 40 g aufnahm. Nur bei einem der 4 Versuchstiere kam es zu einer Gewichtssteigerung und auch hier war das EV 1:8,1. Vom k. g. Wickroggen und Wickweizen wurden vom Wi 160—180 g, vom Ch etwa 140 g und den SL 120 g verzehrt. Trotz eines weiten EV von 1:7,1 und 1:7,6 wurden mit einer Ausnahme bei allen Tieren Gewichtszunahmen erzielt, was vielleicht auf die biologische Beschaffenheit des Futtereiweißes zurückzuführen ist, worauf schon MANGOLD und FANGAUF [4] hinweisen.

Die Wasseraufnahme

Es ist auch schon in die Reihen der Kaninchenzüchter die Tatsache gedrungen, daß die Kaninchen eine Wasseraufnahme notwendig haben und liegen darüber einige Arbeiten vor. So gibt TEGTMEYER [10] den Wasserbedarf eines Angorakaninchens mit $^1/_8$—$^1/_4$ l an und H. BRÜGGEMANN [1] fand bei der Verfütterung von Wiesenheu Werte von 120—200 ccm Wasser, die von den Tieren aufgenommen wurden. Ausführliche Literatur über die Wasseraufnahme finden wir bei HOFMANN und LÖHLE [2], auf welche verwiesen wird. Nach diesen Verff. betrug die durchschnittliche Wasseraufnahme bei Rammlern von Marburger Feh und weißen Wienern 78,7 g pro Tag. Sie stellten ferner fest, daß die Tiere, die nur wenig Saftfutter erhielten, ein bestimmtes Bedürfnis zur Trinkwasseraufnahme hatten. Dabei wurden Beziehungen zwischen Stalltemperatur und der Tendenz zum Wasserverbrauch ermittelt. Das Tränken der Tiere beeinflußt deren Gesundheitszustand und die Geschlechtslust in keiner Weise nachteilig. Sie empfehlen eine Tränke von mindestens 250 ccm Wasser, um den natürlichen Bedürfnissen Rechnung tragen zu können.

Nachdem wir bei unseren Versuchen den Tieren gleichfalls Wasser zur beliebigen Aufnahme, deren Gewicht festgestellt wurde, vorsetzten und wir Futtermittel verwendeten, die bisher wenig benützt wurden, erscheint es nicht unwichtig zu sein, auch auf die Wasseraufnahme und gleichzeitig auf die Wasserabgabe der Tiere einzugehen.

Wie aus Tab. 14 ersichtlich ist, ist die Aufnahme von Trinkwasser natürlich bei den verschiedenen Rassen unterschiedlich. Auch mit Grünfutter wurden verschiedene Wassermengen aufgenommen, wenn auch bei diesem eine gesonderte Wasserabgabe unterblieb. Die durchschnittliche Wasseraufnahme betrug beim Wi rd. 390, Ch 340, SL 140—150 und dem He 80 g. Die Wasseraufnahme im Trockenfutter war bei allen Tieren nur gering und schwankte zwischen 7,6 (He) und 21,1 (Wi).

Demgegenüber zeigte die durchschnittliche Wasserausgabe und die Bilanz (Einnahmen ohne Oxydationswasser und Ausgaben ohne Perspiratio insensibilis) folgende Werte:

	Wi	Ch	SL1	SL2	He
Gesamt-Einnahmen	388	273,3	239	215,5	106
Gesamt-Ausgaben	335,7	209,4	187	153,7	78,5
Bilanz	+ 52,2	+ 63,8	+ 51,8	+ 61,8	+ 27,6

Die Wasserbilanz war daher bei allen Tieren und Futtermitteln, mit Ausnahme des Wi bei Grünfutter, positiv.

Über Menge von Kot und Harn

gibt folgende Aufstellung Auskunft (Durchschnittswerte in g)

	Wi	Ch	SL1	SL2	He
Kot:					
bei Grünfutter	36,6	37,6	47,1	43	13,5
bei Trockenfutter	151,6	94,8	104	91	37,5
Harn:					
bei Grünfutter	330	261	282	232	119
bei Trockenfutter	236,6	106	82,1	65,6	31

Während also die Kotmenge bei Trockenfutter 2—3mal so groß als beim Grünfutter ist, liegen die Verhältnisse beim Harn umgekehrt und sind beim Grünfutter die Harnmengen bedeutend größer als beim Trockenfutter. Interessant ist auch die Verteilung der Wasserausscheidung auf Kot und Harn und sind auch hier starke Unterschiede zwischen Grün- und Trockenfutter vorhanden. Es entfielen in % auf

	Wi		Ch		LS1		SL2		He	
	Kot	Harn	Kot	Harn	Kot	Harn	Kot	Harn	Kot	Harn
bei Grünfutter	8,1	91,9	8,1	91,9	8,8	91,2	9,5	90,5	4,1	95,9
bei Trockenfutter	29,5	70,5	34,1	65,9	44,9	55,1	50,1	49,9	44,6	55,4

Bei Grünfutter werden also mehr als 90% des aufgenommenen Wassers wieder durch den Harn ausgeschieden, während bei Trockenfutter nur 50—70% auf den Harn entfallen. Es scheint auch, als ob mit dem Kleinerwerden der Tiere die Menge des durch den Harn ausgeschiedenen Wassers abnimmt.

Zusammenfassung

Es wird über Versuche berichtet, mit welchen die VK und der Gehalt an verdaulichen Nährstoffen von frischen und verschieden konservierten Grünfuttermitteln bei Kaninchen bestimmt wurden. Auch werden die Nährstoff- und Wasseraufnahme und die Wasserabgabe bei den Versuchstieren näher besprochen.

Резюме

Сообщается об опытах, в которых у кроликов определялись коэффициенты пищеварения и содержание переваримых питательных веществ свежих и консервированных разным образом зеленых кормов. Кроме того подробно обсуждаются усвоение питательных веществ и воды, а также отдача воды у подопытных животных.

Summary

Experiments are discussed which determined the coefficients of digestibility and the content of digestible nutrients in fresh and differently preserved green fodder with rabbits. The uptake of water and nutrients and the loss of water with these experimental animals are also discussed in detail.

Literaturverzeichnis

[1] BRÜGGEMANN, H.: Tierernährung 9, 374 (1939).
[2] HOFMANN u. LÖHLE: Der Kaninchenzüchter 59, 235 (1955).
[3] LEHMANN: Jb. f. Kaninchenzüchter 124 (1943).
[4] MANGOLD, E. u. R. FANGAUF: Handb. d. Kaninchenfütterung: Radebeul-Berlin 1949: Neumann-Verlag.
[5] MEIER, K.: Diss. Zürich 1920.
[6] MILLER, W. I.: WAUGH, R. K. u. MATRONE, C. J. J. Anim. Sci. 13, 283 (1954).
[7] NEHRING u. SCHRAMM: Tierernährung 11, 301 (1939).
[8] SCHLOLAUT: Der Kaninchenzüchter 54, 43 (1950).
[9] SCHÜRCH: Schweiz. landw. Mh. 17, Nr. 2 (1949).
[10] TEGTMEYER: Südd. Kleintierzüchter 1948.

Verfasser: Prof. Dr. R. NESENI u. B. SCHEVEN, Rostock, Stalinplatz 1

Buchbesprechungen

SIERTS-ROTH, URSULA:
Der Dackel
Die Neue Brehm-Bücherei
93 S. Wittenberg-Lutherstadt 1957.
A. Ziemann-Verlag

Die aus berufener Feder auf engster Verbundenheit zum Tier beruhenden Schilderungen versinnbildlichen eindrucksvoll das Wesen des Dachshundes. Sein äußeres Erscheinungsbild im Wandel der Zeiten, der Gebrauch des Teckels auf der Jagd — im Bau, am Schweißriemen und bei der Stöberarbeit — werden nach einer geschichtlichen Vorschau eingehend dargestellt. Haltung und Pflege, Vererbung, Zucht, Aufzucht und Fütterung sowie Erziehung des Hundes und Krankheitsbekämpfung erfahren die gebührende Berücksichtigung.

Die mit reichhaltigem Bildmaterial vorzüglich ausgestattete Schrift erfreut das Herz jedes Teckelfreundes, Züchters und Jägers, denen sie als willkommene Würdigung dieser altbewährten, trefflichen Rasse wärmstens empfohlen werden kann. Lützenberg

Referate

HANSEN, V. u. J. NIELSEN:
Leistungsprüfungen bei Kaninchen in Dänemark
(6. Mitteilung der Kaninchenkontrollstation Favrholm für die Jahre 1949/50—1954/55. 290. Beretning fra forsøgslaboratoriet. Kopenhagen 1956.)

In Dänemark werden seit 1944/45 Leistungsprüfungen bei Kaninchen durchgeführt. Ein im Jahre 1956 von V. HANSEN und J. NIELSEN herausgegebener zusammenfassender Bericht bringt außer den Ergebnissen der 6 Versuchsjahre von 1949/50—1954/55 auch die Angaben über die ersten Prüfungsjahre.

1. Von den Fleisch- und Pelzkaninchenrassen wurden geprüft:

TABELLE 1

Jahr	Angenommene Gruppen	Abgeschlossene Gruppen	Anteil der abgeschlossenen Gruppen
1944—45	177	139	79%
1945—46	146	133	91%
1946—47	161	150	93%
1947—48	89	83	93%
1948—49	123	103	84%
1949—50	126	94	75%
1950—51	153	84	55%
1951—52	100	78	78%
1952—53	118	106	90%
1953—54	113	107	95%
1954—55	86	85	99%

Die Gruppen bestehen bei der Anlieferung aus 4 Tieren, bei denen die Geschlechter nach Belieben verteilt sein können. 1949—1955 wurden die in Tab. 2 angegebenen 17 Rassen geprüft (geordnet nach der Gesamtzahl der bisher geprüften Tiere).

Außerdem wurden einige Kreuzungstiere geprüft.

Die im Durchschnitt der Jahre 1949—1955 erzielten Zunahmen je Tier und Tag sowie die Aufnahme an FE (1 Futtereinheit = 1,33 Stärkeeinheiten) je kg Gewichtszunahme sind in Tab. 3 angegeben (S. 116).

Die kleinen Rassen haben eine Futterverwertung von 6—7 FE je kg Zunahme gegenüber 5 FE bei den mittelschweren und schweren Rassen. Weiße Land, Groß-Chinchilla und Französische Widder haben mit Verwertungszahlen von 4,8 und weniger die günstigste Futterverwertung. Bei allen Rassen zeigt sich im Laufe der Berichtzeit eine Erhöhung der Tageszunahmen bei gleichzeitiger Verringerung des Futterverbrauches je kg Gewichtszunahme, wie aus nachstehender Tab. 4 hervorgeht (S. 116).

Nach dem Schlachten werden Fleischfülle und Verfettungsgrad beurteilt. Es gibt bis 5 Punkte für Fleischfülle an den Schenkeln und am Rücken. Außerdem werden bis 5 Punkte für die Vorderpartie gegeben, wobei außer der Fleischfülle, Form und Größe berücksichtigt werden. Die größeren Rassen haben allgemein die beste Ausbildung der Fleischteile. Nach dem Verfettungsgrad werden die Tiere in folgende Klassen eingeteilt:

Klasse	Iff	viel zu fett (Nieren vollständig mit Fett bedeckt)
Klasse	If	etwas zu fett
Klasse	I	ausreichend fett
Klasse	II	etwas zu mager
Klasse	III	mager (ohne Fettansatz)

Bei weitem die meisten Tiere werden in Klasse I eingestuft.

TABELLE 2

Rasse	Rassengruppe	Schlachtgewicht kg
Weiße Landkaninchen	mittelschwer	3,0
Französische Widder	schwer	4,0
Blaue Wiener	schwer	4,0
Bourgogne	reichlich mittelschwer	3,0
Groß-Chinchilla	reichlich mittelschwer	3,0
Klein-Silber (einschl. Gelbsilber)	klein	2,5
Groß-Silber	reichlich mittelschwer	3,5
Weiße Wiener	mittelschwer	3,0
Belgische Riesen	Riesen	5,0
Kleine Eichhörnchen	klein	2,5
Weiße Rex	klein	2,5
Schwarze Rex	klein	2,5
Englische Schecken	klein	2,5
Schwarzweiße	klein	2,5
Alaska	klein	2,5
Havanna Rex	klein	2,5
Blaue Biber	reichlich mittelschwer	3,5

TABELLE 3

Rasse	∅ Tageszunahmen in g	Futtereinheiten je kg Zunahme	Tierzahl
Havanna Rex	10	7,36	2
Schwarzweiße	10	7,02	7
Alaska	12	7,15	5
Englische Schecken	13	6,83	7
Kleine Eichhörnchen	13	6,21	17
Kleine Silber	14	6,26	86
Weiße Rex	16	5,33	14
Schwarze Rex	17	5,09	13
Weiße Land	22	4,72	598
Weiße Wiener	21	5,01	53
Bourgogne	20	5,51	135
Blaue Wiener	24	5,02	225
Großsilber	22	5,11	57
Groß-Chinchilla	24	4,67	100
Blaue Biber	19	5,79	4
Französische Widder	26	4,82	267
Belgische Riesen	25	5,80	21

TABELLE 4

Rassengruppen und Schlachtgewicht	∅ Tageszunahme in g		Futtereinheiten je kg Gewichtszunahme	
	1949/50	1954/55	1949/50	1954/55
kleine Rassen 2,5 kg	10	16	6,98	5,04
mittelschwere Rassen 3,0 kg	17	23	5,29	4,71
reichlich mittelschwere Rassen 3,5 kg	18	22	5,47	5,05
schwere Rassen 4,0 kg	19	27	5,75	4,63
Riesenrassen 5,0 kg	16	25 (1953/54)	7,63	5,84 (1953/54)

Der Verfettungsgrad ist in einem gewissen Umfange von der Jahreszeit abhängig. Die in den ersten Herbstmonaten geschlachteten Tiere sind magerer als die in den Wintermonaten geschlachteten.

Der Schlachtverlust ist bei den Kleinsilber mit 38,4% am geringsten und bei den Blauen Wienern mit 41,4% am höchsten. In der Körperlänge bestehen zwischen den Rassen erhebliche Unterschiede (s. Tab. 5).

TABELLE 5

Rassen	Schlacht-verlust in %	Körperlänge in cm	Fellbewertung ⌀ Punktzahl
Havanna Rex	41,2	37,5	8,3
Schwarzweiße	41,4	37,4	6,5
Alaska	41,6	37,4	5,2
Englische Schecken	39,0	37,9	6,0
Kleine Eichhörnchen	39,6	38,8	5,4
Klein-Silber	38,4	37,1	6,8
Weiße Rex	43,7	39,0	7,8
Schwarze Rex	38,5	38,9	6,7
Weiße Land	40,3	40,7	6,9
Weiße Wiener	39,5	40,5	6,7
Bourgogne	38,9	41,2	6,8
Blaue Wiener	40,1	43,3	6,5
Groß-Chinchilla	40,9	43,2	6,2
Blaue Biber	39,3	43,0	8,0
Groß-Silber	41,0	42,8	6,1
Französische Widder	41,4	44,5	6,9
Belgische Riesen	40,3	50,0	6,5

TABELLE 6

Futtermittel	%	Futtermittel	%
Gerste	22	gemahlener Hafer	20
Weizenkleie	20	Luzernegrünmehl	10
gemahlene Erbsen	9	Magermilchpulver	6
Fischmehl	6	Fleischknochenmehl	3
Vitaminmischung	1	Trockenhefe	1
Kreide	1	Salz	0,25
Dicalciumphosphat	0,50	Holzkohle	0,25

Die gleich nach der Schlachtung abgezogenen Felle werden aufgespannt, getrocknet und dann beurteilt. Dabei können bis zu 10 Punkte vergeben werden. Die im ⌀ erreichten Punktzahlen sind ebenfalls in Tab. 5 aufgeführt. Die Ausfälle während der Prüfung sind verhältnismäßig groß. Als Ursache werden meistens Verdauungsstörungen festgestellt. 1950/51 fielen 46% aller Tiere aus, 1954/55 noch 16%.

Es wurden verschiedene Heilmittel erprobt, von denen aber keins in den angewandten Dosierungen Erfolg hatte. Nur dadurch, daß den Tieren freie Bewegungsmöglichkeiten gegeben wurde, konnte ein Drittel der so behandelten Tiere gerettet werden.

Die Futtermittelrationen wurden mehrfach in ihrer Zusammensetzung geändert.

Seit 1951/52 setzt sich die Kraftfuttermischung wie folgt zusammen:

Als Grünfutter werden Kleegrasgemenge und Heu gegeben. Seit 1952/53 werden je FE 15 mg Penicillin gegeben; an ihre Stelle traten 1953/54 4—5 g Aureomycin je Tier und Tag. Außerdem wurde Lebertran gegeben und das Ca:P-Verhältnis der Ration auf 1,8 gegenüber früher 3,1 eingeengt. Der Proteingehalt des Kraftfutters wurde von 150 g auf 120 g je Futtereinheit herabgesetzt. Als Vorbeugungsmittel gegen Coccidiose wurden 200 mg Sulfabenzpyrazin je Futtereinheit in den ersten 6 Wochen nach der Anlieferung der Tiere gegeben.

2. Bei den Angorakaninchen, die gesondert geprüft wurden, besteht die Gruppe aus einem männlichen und einem weiblichen Tier. Tab. 7 zeigt die Zahl der Prüfungsgruppen und

die Gewichte der Prüfungstiere bei der Anlieferung und bei Prüfungsschluß.

Da die weiblichen Tiere eine bessere Wollqualität und eine höhere Wolleistung haben, werden die Geschlechter für sich geprüft.

(ab 1954/55 3—6 cm) und reiner Filz
Filz I 2,5—4 cm lang

(ab 1954/55 reiner Filz)
Filz II verschmutzter Filz

TABELLE 7

Jahr	Anzahl der Gruppen mit ♂ + 1 ♀		Ankunftsgewicht		Endgewicht	
	angenommene	abgeschlossene	♂	♀	♂	♀
1946—47	84	75	2,21	2,19	2,76	3,07
1947—48	66	62	2,40	2,40	3,11	3,39
1948—49	93	81	2,37	2,42	3,00	3,38
1949—50	82	72	2,36	2,39	3,14	3,52
1950—51	17	9	2,17	2,15	3,07	3,26
1951—52	22	13	2,37	2,42	3,12	3,39
1952—53	23	15	2,33	2,39	3,14	3,64
1953—54	56	38	2,41	2,37	3,07	3,41
1954—55	44	34	2,45	2,54	3,11	3,50

TABELLE 8

Jahr	Wolle in g		g Wolle je kg Lebendgewicht		mg Wolle je cm^2 Oberfläche	
	♂	♀	♂	♀	♂	♀
1946—47	326	354	131	135	284	299
1947—48	358	378	130	130	285	300
1948—49	381	414	142	143	318	329
1949—50	395	412	144	139	325	336
1950—51	412	430	157	159	349	357
1951—52	428	455	156	156	352	361
1952—53	445	470	162	156	367	363
1953—54	411	450	150	156	339	358
1954—55	439	449	158	149	359	346

Tab. 8 enthält die Wolleistung in den einzelnen Prüfungsjahren:

Die ♀ brachten im Durchschnitt 25 g mehr Wolle als die ♂, dies steht mit ihrem höheren Lebendgewicht in Zusammenhang. Die Wolleistung je cm^2 Oberfläche wird nach der Formel von W. H. Hohl berechnet:

$$\text{Oberfläche} = 620 \sqrt[3]{\text{Gewicht}^2}\,.$$

Die Wolle wird nach folgender Sortierung bewertet:

1. Sortierung 7,5 cm lang
2. Sortierung 6—7,5 cm lang
3. Sortierung 4—6 cm lang

Etwa 50% der Wolle der ♂ und etwa 60% der ♀ Tiere kommen in die 2. Sortierung. Kräuselung und Glanz sowie das Verhältnis zwischen Wollhaar und Deckhaar wurden durch Punktierung nach einem 10 Punkt-Schema erfaßt.

Die Einlieferung bzw. die Jahreszeit des ersten Scherens in der Anstalt sind von Einfluß auf den Wollertrag. Die erstmalig im April geschorenen Tiere haben die höchste Leistung. Mit zunehmendem Lebendgewicht nimmt auch die Wolleistung zu, und zwar bei einer Steigerung um 100 g Lebendgewicht um 7,6 g Wolle. Die Wolleistung je kg Lebendgewicht nimmt jedoch gleichzeitig ab. Nach den Prüfungsbestimmungen sollen die Gruppen nur in der Zeit zwischen 15. Nov. und 15. Febr. eingeliefert werden, um die auf die Jahreszeit der Schur zurückzuführenden Unterschiede niedrig zu halten. Hinrichsen, Gießen

SMITH, A. H., G.H. BOND, K.W. RAMSEY, G.D. RECK u. J.E. SPOON:

Size and rate of involution of the hen's reproduktive organs.

Poultry Sci. 36, 346—353 (1957).

Größe und Rückbildungsrate (-geschwindigkeit) der Geschlechtsorgane bei der Henne

Die zur Zeit der Mauser einsetzende natürliche Rückbildung von Eileiter und Ovar lösten die Verff. 1. durch 3tägigen Wasserentzug, 2. durch Progesteron-Injektion (10 u. 25 mg) und 3. durch Enheptinfütterung (0,1% im Futter) bei einjährigen Legehennen aus. Die Wirksamkeit betrug 55, 85 u. 100%, gemessen am Aufhören der Legeleistung. Das Gewicht von Ovar und Eileiter ist nicht mit dem Körpergewicht korreliert und bei den einzelnen Rassen typisch verschieden (Leghorn, New Hampshire, Plymouth, Cornewall: Eileiter 49,9; 67,0; 53,8; 45,0 g; Ovar 42,9; 51,6; 49,8; 50,7 g). Nach der Behandlung ging das Gewicht der Organe sofort zurück; das dauerte 4 bis 5 Wochen. Der Eileiter verlor dabei in den ersten 9 Tagen täglich etwa 13% an Gewicht, danach 4%. Das Ovar verlor entsprechend 19% bzw. 3%. Nach rund 41 Tagen regenerierten die Follikel, nachdem in den ersten 4 Tagen 84% atrophiert waren (nach Enheptin-Behandlung). Nach allen drei Behandlungen büßten die Tiere an Gewicht ein, bei Wasserentzug rund 5%; nach 12 Tagen hatten sie ihr Ausgangsgewicht wieder. Nach Progesteron war der Gewichtsverlust der gleiche, trat aber langsamer ein. Durch Enheptin wurden die Hennen in 3 Wochen um 36% leichter, und nur die bereits wieder legenden Hennen hatten nach 50 Tagen diesen Verlust wieder aufgeholt. Engelmann

SMITH, A.H., G.N. HOOVER, J.V. NORDSTROM u. C.M. WINGET:

Quantitative changes in the hen's oviduct assoziated with egg formation.

Poultry Sci. 36, 353—357 (1957).

Quantitative Veränderungen am Eileiter der Henne, die mit der Eibildung in Zusammenhang stehen

An etwa gleich schweren Leghornhennen untersuchten Verff. $^1/_2$, 4, 10, 16 u. 24 Std. nach dem Legen Veränderungen am Eileiter. Der Eileiter und seine einzelnen Abschnitte machten zyklische Veränderungen durch, die meist mit ihrer Funktion während der Eibildung zusammenhingen. Das Magnum zeigte einen deutlichen Gewichtsverlust (um 7 g), der nicht so sehr von der Wanderung des Gelbeies im Eileiter als vom Zeitpunkt des Eiausstoßes (bzw. der Ovulation) abhängig zu sein schien. Er entsprach etwa dem Trockengewicht des abgeschiedenen Eiklars (Weißeies), das durch Wasserabgabe vom Uterus seine flüssige Beschaffenheit erhält. Der Uterus verliert dadurch — etwa 4 Std. nach dem Eiausstoß, d. h. kurz bevor ein neues hüllenloses Ei in den Eileiter eintritt — an Gewicht. Nach 6 Std. ist dieser Vorgang abgeschlossen und der Uterus nimmt durch Aufnahme von Mineralstoffen aus dem Blut an Gewicht zu (wobei der Höhepunkt der Mineralisation 16 Std. nach dem Legen eintritt) und geht nach der Schalenbildung auf sein altes Gewicht zurück. Die Gewichtsveränderungen des gesamten Eileiters werden durch die Gewichtszu- und abnahmen der beiden Hauptabschnitte Magnum und Uterus bestimmt. Das Ovar büßt bei der Ovulation soviel an Gewicht ein wie das abgegebene Gelbei wiegt (11 g); der folgende Gewichtsanstieg ist unabhängig davon, ob eine neue Ovulation auf den Eiausstoß erfolgt oder nicht. Engelmann

COOPER, D. M. u. J. G. ROWELL:

Laboratory prediction of the fertilizing capacity of cock semen.

Poultry Sci. 36, 284—285 (1957).

Die Voraussage der Befruchtungsfähigkeit von Hahnensperma im Laboratorium

Im Laboratoriumtest lassen sich keine Unterschiede zwischen verschiedenen Samenproben ein und desselben Hahnes nachweisen. Bei Prüfung der Resazurin-Reduktionszeit, des anfänglichen pH-Wertes oder des Prozentsatzes toter Spermien ist es möglich, Hähne mit anomal niedriger Befruchtungsfähigkeit herauszufinden. Die — varianzanalytisch berechneten — Versuchsergebnisse sollen an größerem Material wiederholt werden. Engelmann

FISHER, HANS u. H. S. WEISS:

A further note on crop removal in the chicken.

Poultry Sci. 36, 345—346 (1957).

Ein weiterer Beitrag über die Entfernung des Kropfs bei Hühnerküken

Küken, denen Verff. in der ersten Lebenswoche den Kropf durch chirurgischen Eingriff entfernt hatten, entwickelten keinerlei kropfähnliche Neubildung, gediehen dabei gut und brachten es sogar zu ausgezeichneten Legeleistungen. Aus einer Abbildung geht hervor, daß 18 Monate alte, als Küken kropfektomierte Hennen es nicht einmal zu einer kleinen Erweiterung des Oesaphagus brachten. Engelmann

Grigg, G. M.:

The structure of stored sperm in the hen and the nature of the release mechanism.

Poultry Sci. 36, 450—451 (1957).

Die Form des von der Henne aufbewahrten Spermas und der Mechanismus seiner Freisetzung

Die Beobachtungen wurden am Eileiter von Hennen gemacht, die 3 Std. vorher künstlich besamt worden waren. Im Lumen der Infundibular- und Magnumregion fanden sich — nach Ausspülung mit Ringerlösung — keine Spermien. Erst als der Verf. ein künstliches Ei (Zellophanblase, mit warmer Ringerlösung gefüllt) durch den isolierten Infundibular-Magnumabschnitt geschoben hatte, konnte er mehrere hundert völlig intakte Spermien auffinden, die durch den mechanischen Reiz die tiefen Krypten, „Spermiennestern", der oberen Eileiterwandung verlassen hatten. Die derart gespeicherten Samen besaßen sowohl die apikalen Kappen wie Schwänze. Verf. vermutet, daß die apikale Kappe nicht so sehr zum Schutz des apikalen Dorns dient sondern durch ihren Gehalt an Enzymen der aktive Teil beim Eindringen ist; der Dorn sei nur das versteifende Gerüst.

Engelmann

Fisher, Hans u. D. Johnson, jr.:

An improved free amino acid diet for growing chicks.

Poultry Sci. 36, 444—445 (1957).

Eine verbesserte Futtermischung aus freien Aminosäuren für heranwachsende Küken

Verff. ergänzten die Futtermischung, die sich bereits bei Legehennen bewährt hatte, durch Glykokoll (2%) und erhöhten die Arginin-, Lysin-, Threonin- und Valinmenge. Die Küken wuchsen in der ersten Lebenswoche genau so gut wie bei einer Mais-Sojaschrotmischung (80:80 g). Als einzige nicht essentielle Aminosäure nahmen Verff. das L-Tyrosin auf (0,7%), weil es bei der Synthese der übrigen nicht essentiellen Aminosäuren wertvolle Dienste leistet. Wichtig ist, daß die Futtermischung einen hohen Energiegehalt aufweist.

Engelmann

Stutts, Ensel C., W. E. Briles u. H. O. Kunkel:

Plasma alkaline phosphatase activity in mature inbred chicken.

Poultry Sci. 36, 269—276 (1957).

Die Aktivität der Alkali-Phosphatase im Blutplasma geschlechtsreifer Hühner aus Inzuchtlinien

Drei Inzuchtlinien Weißer Leghorns, und zwar jeweils drei Jahrgänge, unterschieden sich in bezug auf den Phosphatasegehalt im Blutserum deutlich; er lag ferner bei den Hennen immer höher (bei den Hähnen 2,76; 2,94 u. 4,81; bei den Hennen 3,57; 4,92 u. 5,64 Mikromol je l Serum); die Unterschiede zwischen den drei Linien waren, varianzanalytisch geprüft, gesichert und müssen daher als erbbedingt gelten. Auch die individuellen Besonderheiten im Phosphatasegehalt innerhalb der einzelnen Linien waren bei Hähnen wie Hennen statistisch signifikant, zumindest 2 Wochen lang. Das Alter übte bei beiden Geschlechtern keinen Einfluß auf die Phosphatase-Aktivität aus, während durch Fasten (24 Std. lang) die Phosphatase-Werte gesenkt wurden.

Engelmann

Frost, D. V., H. S. Perdue u. H. C. Spruth:

Vitamin K activity of menadione sodium bisulfite in chickens.

J. Nutrition 59, 181—196 (1956).

Die Vitamin K-Aktivität von Menadion-Natriumbisulfat bei Hühnerküken

3 mal wirksamer als das fettlösliche Manadion ist das wasserlösliche Menadion-Natriumbisulfat (mit halbem Menadiongehalt) bei Küken, die an Vitamin K-Mangel leiden. Durch Zusatz von Sulfaquinoxalin (0,1%) zu

Aminosäuren	%	Grundfutter	%
L-Arginien HCl	2,0	Stärke	56,0
L-Glutaminsäure	3,5	Maisöl	12,00
L-Histidin HCl	0,6	Mineralmischung	5,34
DL-Isoleucin	2,0	Rohfaser zweib.	3,00
L-Lysin HCl (95%)	1,6		
DL-Methionin	0,8	Ammoniumzitrat	2,60
DL-Phenylalanin	1,0	Antiacid	1,00
DL-Threonin	1,2	Natriumbikarbonat	1,00
L-Tryptophan	0,2	Vitaminmischung	0,15
L-Tyrosin	0,7	A, D, u. E-Konzentrat	0,15
DL-Valin	1,6		
Glykokoll	2,0	Cholinchlorid	0,20

einer Mais-Sojamischung steigt der Bedarf an Vitamin K beträchtlich. Bei Zusatz von 0,06% Sulfaquinoxalin ins Trinkwasser sind 10 g Menadion-Natriumbisulfat je to Futtermischung nötig, um auszugleichen. Die vom A N R C angegebene Menadion-Menge (0,18 g/lb Futter) genügt nicht, um den Vitamin K-Mangel zu beheben (durch Erreichen normaler Prothrombinwerte). 2 und 4% Fettzusatz verbesserten die Vitamin K-Ausnutzung nicht. Die Verletzungen an der Magenwand nahmen mit der Höhe des Vitamin K-Mangels zu, das Wachstum wurde erst bei starkem Vitamin K-Mangel beeinträchtigt. Engelmann

BALLOUN, S. L. u. RAY O. BAKER:

Lack of response of chicks to proteolytic enzyme supplementation.

Poultry Sci. 36, 302—303 (1957).

Das Ausbleiben einer Reaktion bei Küken auf eine Futterergänzung mit proteolytischen Enzymen hin

Eintagsküken, die vier Wochen lang zu ihrem Grundfutter aus Mais, Sojaschrot, Fischmehl, Fleischbrocken usw. Pepsin (0,25; 0,50; 0,75 u. 1,0%), Pankreatin (1,0%), Rhozym (1,0), Ficin (0,1%) u. a. Enzympräparate erhielten, reagierten auf diese Zusätze nicht. Weder im Gewicht noch in der Futterverwertung machten sich Unterschiede zwischen den einzelnen Gruppen oder zur Kontrolle bemerkbar. Engelmann

FISHER, HANS, R. C. SALANDER u. M. W. TAYLER:

The influence of creatine biosynthesis on the arginine requirement of the chick.

J. of Nutrition 59, 491—499 (1956).

Der Einfluß der Kreatin-Biosynthese auf den Argininbedarf des Kükens

Die essentielle Aminosäure Arginin dient (zusammen mit Glykokoll) als Vorstufe bei der Kreatinbildung im Muskelgewebe, die in den ersten Lebensmonaten stetig und schnell zunimmt (um 63%), von dem 4.—8. nur langsam (um 10%). Durch Kreatinzufütterung kann eine gewisse Menge Arginin eingespart werden. Aus den Versuchen mit einer Grundfuttermischung aus Cerelose (61%) und Casein (25%) mit 0,8% Arginin (1,2% galt bisher als notwendige Menge) ergab sich, daß bei 1,9% Arginin im Futter der optimale Wert erreicht ist (272 g Zunahme in 3 Wochen, 3,65 mg Kreatin in je 1 g Muskel). Ohne Argininzugabe reichte Fütterung mit 1% Kreatin aus, um bei dieser Futtermischung das relativ beste Wachstum bei günstiger Futterverwertung zu erzielen, deckt aber nicht den Argininbedarf. Allerdings war das Gewicht der Küken geringer als bei Argininzugabe, und die Federn waren struppig und nach oben umgebogen (196 g Zunahme und 3,59 mg Kreatin/g Muskel). Jeder Argininzusatz erhöhte den Kreatingehalt der Muskel (bis auf 3,84 mg), das höchste Gewicht war bereits bei 1,5% Arginin und 1% Kreatin erreicht, d. h. das Kreatin ersetzte 0,4% Arginin (das in erster Linie zur Bildung von Muskelkreatin dient). Engelmann

FISHER, HANS, R. C. SALANDER u. M. W. TAYLER:

Growth and creatine biosynthesis in the chick as affected by the amino acid deficiencies of casein.

J. of Nutrition 58, 459—470 (1956).

Wachstum und Kreatin-Biosynthese beim Küken in ihrer Abhängigkeit von dem Aminosäuremangel des Kaseins

Eine gereinigte Futtermischung mit 25% Kasein wurde mit Kreatin (0,8%) und ferner mit Arginin-, Glykokoll- und Methioninzusätzen ergänzt und mit einem üblichen Aufzuchtfutter verglichen. Der Kreatingehalt im Muskel wurde 4 Wochen lang jeden 4. Tag gemessen. Die begrenzende Aminosäure des Kaseins war das Arginin. Zugaben von Glykokoll (2%) oder Methionin (0,3%) allein übten keine Wirkung aus; mit Glykokoll (2%) und Arginin (1%) erreichten die Küken das Gewicht der Normalgruppe, mit Methionin in Verbindung mit Arginin (mit oder ohne Glykokoll) nicht ganz. Das Kreatin (0,8%) verbesserte das Wachstum im Vergleich zur Grundfuttergruppe nur geringfügig. Die Kükenhennen vertrugen die Mangelfütterung (Grundfutter allein und mit Glykokoll- bzw. Methionin- und Glykokoll- bzw. Kreatinzusatz) im ganzen besser als die Hähnchen. Engelmann

BYERLY, TH. C.:

Light and egg production.

Poultry Sci. 36, 465—468 (1957).

Licht und Legeleistung

Unter gleichbleibenden Umweltverhältnissen geht die prozentuale Legeleistung proportional mit der Zeit zurück, die seit dem Legen des ersten Eies vergangen ist. Sie hängt darüber hinaus so von der täglichen Hell- und Dunkelperiode ab, daß ein Höhepunkt der Eiererzeugung bei einer täglichen Belichtungszeit von 13—14 Std. erreicht wird. Die individuellen Unterschiede in bezug auf die Höhe der zumindest erforderlichen Belichtungsdauer sind groß, und ebenso die Reaktion auf die Verlängerung der Hellperiode.

Verf. schlägt vor, an Stelle der üblichen Ermittlung der Legeleistung während eines Legejahres unter natürlichen Bedingungen eine kurzfristige, etwa über drei Monate sich erstreckende Prüfung unter gleichbleibenden Umweltverhältnissen durchzuführen. Die Beurteilung der Legeleistung im ersten Jahr könnte durch folgende Gleichung erfaßt werden:

$$R = A + B \log_{10} X + CY + DZ,$$

wobei R = monatliche Legeleistung in %, A, B, C und D = Konstanten, bestimmt durch die Berechnung der kleinsten Quadrate, $\log_{10} X$ = Logarithmus der täglichen Belichtung in Stunden, Y = Länge der täglichen Dunkelheit in Stunden und Z = seit dem Legebeginn verstrichene Zeit in Monaten ist.

Engelmann

ARROYAVE, G., N. S. SCRIMSHAW u. O. B. TANDON:

The nutrient content of the eggs of five breeds of hen.

Poultry Sci. 36, 469—473 (1957).

Der Nährstoffgehalt der Eier bei Hennen fünf verschiedener Rassen

Verff. ermittelten den Nährstoffgehalt der Eier folgender, in Guatemala neu eingeführten Rassen: Weiße Leghorn, Weiße und gestreifte Plymouth, New Hampshire und Rote Rhodeländer. In bezug auf Schale, Weißei, Dotter, Fett und Gesamtnährstoffe bestanden insofern keine Unterschiede zwischen den Rassen, als das größere Dottergewicht — und damit zugleich der höhere Fettanteil und Kaloriengehalt — der „Hamps" und „Rhodeländer" von Verff. mit dem höheren Alter dieser Gruppen in Verbindung gebracht wird. Im Gehalt an Stickstoff (Leghorn und gestr. Plymouth), Asche (W. Rocks u. Hamps), Phosphor (Hamps u. gestr. Plymouth) sowie an Vitamin A (Leghorn u. gestr. Plymouth) bestanden deutlichere Unterschiede, doch kommt wohl nur dem höheren Vitamin A-Gehalt der Leghorns praktische Bedeutung zu.

Im allgemeinen waren in 100 g Ei enthalten: 26,2 g Trockensubstanz, 10,2 g Fett, 2,0 g Stickstoff, 1 g Asche, 61 mg Calcium, 124 mg Phosphor, 2,9 mg Eisen, 0,108 mg Vitamin A, 0,031 mg Karotin, 0,07 mg Thiamin, 0,27 mg Riboflavin und 0,05 mg Niacin, sowie 156 Kal.

Engelmann

TIENHOVEN, A. VAN:

The effect of different diluents and dilution rates on fertilizing capacity of turkey semen.

Poultry Sci. 36, 473—479 (1957).

Eine Methode zur Geschlechtsumstimmung durch Eintauchen von Eiern in Hormonlösungen

Verf. prüfte eine, als Patent angemeldete Methode nach und tauchte Eier 5 Sek. 1—$1^1/_2$ Zoll tief in 1. Ölemulsion, 2. Äthanol (95%ig), 3 Testosteron-Propionat (650 mg je 100 ml 95%iges Ethanol), 4. Diaethylstilboestrol (5 mg je 100 ml Ölemulsion). Eine Serie blieb unbehandelt (insgesamt 1201 befr. Eier geprüft.) Beim Schlupf wurden alle genetischen Hähne (Kreuzung gestr. Plymouth-Henne × Rhodeländer-Hahn) der Gruppe 3 als Hennen sortiert. Bei diesen Eintagsküken war die linke Gonade von einem Ovar nicht zu unterscheiden. Bei weiteren Untersuchungen im wöchentlichen Abstand ging die ovarartige Rindenschicht immer mehr zurück und Samenkanälchen bildeten sich. Mit 6 Monaten waren die Hoden im Vergleich mit denen von Kontrollhähnen kleiner und die Spermatogenese verzögert. Wo es zur Ausbildung von Eileitern kam, blieben diese dünnwandig und waren mit Flüssigkeiten gefüllt. Die rechten Gonaden waren immer Hoden. Bei den genetischen Hennen dieser Gruppe 3 war die Legeleistung weit schlechter als bei den Kontrollen (6:50—60%), weil sich bei ihnen häufig ein rechter, blind geschlossener Eileiter entwikkelte und der linke daraufhin kleiner blieb: so fielen die reifen Dotterkugeln häufig in die Leibeshöhle. Die anderen Behandlungsverfahren hatten keinerlei Nachwirkungen.

Engelmann

NABER, E. C. u. H. R. BIRD:

Nucleic acids as growth factors for the folacin deficient chick.

Poultry Sci. 36, 480—485 (1957).

Nukleinsäuren als Wachstumsfaktoren bei Küken, die an Folsäure-Mangel leiden

Küken, die 10 Tage eine Folacin-Mangeldiät auf Rohrzucker-Kasein-Gelatine-Basis erhalten hatten, nahmen beträchtlich zu, sobald Nukleinsäuren (Desoxyribonucleinsäure und Ribonucleinsäure) Futtermischungen mit geringem Falacingehalt (0,25 mg/kg) ergänzten. Diese günstige Wirkung unterblieb, sobald die Folacinmenge allein bereits ausreichte (0,50, 1,00 u. 2,00 mg/kg).

Kristallines Thymidin und Hypoxanthin kamen in der Wirkung den Nukleinsäurepräparaten gleich — und auch sie versagten, sobald der Folacinmangel unmittelbar behoben war.

Engelmann

HAYS, F. A.:

Egg production and reproduction in yearling hens that lackes the normal rest period associated with first annual molt.

Poultry Sci. 36, 510—512 (1957).

Legeleistung und Fruchtbarkeit bei einjährigen Hennen, denen die normale Ruhepause nach der ersten Jahresmauser fehlt

In dem 10 Jahre in geschlossener Zucht (I) und in offener Zucht (mit geringem Anteil

Fremdzucht = II) weitergeführten Rhodeländerstamm traten während dieser Zeit je 22 Hennen auf, die ohne Pause im 2. Legejahr weiterlegten und es auf 458 (I) bzw. 455 Eier (II) brachten; die Sterblichkeit betrug in Gruppe I 36,4%, in Gruppe II 18,2%, die Fruchtbarkeit im ersten Fall 60,3% und der Schlupf 67,4%, im zweiten 83,9 und 75%. Der Rückgang der Legeleistung bei I mag auf den zunehmenden Inzuchtgrad zurückgehen. Die Sterblichkeit der Nachzucht der beiden Hennengruppen betrug bis zum 5. Monat bei I 2,1%, bei II 11,3%, ohne daß Verf. darin eine erbliche Überlegenheit sehen will. Die 43 Töchter der Gruppe I brachten es im ersten Legejahr auf 242 Eier bei 34,9% Sterblichkeit, die 75 der Gruppe II auf 229 Eier bei 37,3% Todesfällen. Zu weiteren Schlußfolgerungen reichen die Ergebnisse noch nicht aus; es scheint aber die Sterblichkeit unter derartigen pausenlosen Legern größer zu sein. Engelmann

ARSCOTT, G. H., P. H. WESNIG u. J. R. SCHUBERT:

Multiple nature of chick growth responses to fractions of dried egg yolk.

Poultry Sci. 36, 513—516 (1957).

Die mehrfache Wachstumsreaktion von Küken auf Fraktionen getrockneten Eidotters hin

Verff. bestätigten in Versuchen mit 3 verschiedenen, bei der Eidotterfraktion erhaltenen Lösungen (Aethanolfraktion A, Fettfraktion B und Rückstandsfraktion C), daß im Eidotter zumindest zwei noch unbekannte Wachstumsfaktoren enthalten sind. Engelmann

ALFRED, J. B., L. S. JENSEN u. J. MCGINNIS:

Factors affecting the response of chicks and poults to feed pelleting.

Poultry Sci. 36, 517—523 (1957).

Faktoren, die bei der Reaktion von Hühner- und Putenküken auf Fütterung mit Preßfutter eine Rolle spielen

In 5 Versuchsreihen mit Futtermischungen (20—24% Rohprotein) mit und ohne Talgzusatz förderte in jedem Fall das Pressen (in Tablettenform) die Wachstumsgeschwindigkeit und die Futterverwertung bei beiden Geflügelarten. Der Fettgehalt der Mischung blieb belanglos. Da die günstige Wirkung auf das Wachstum auch eintrat, wenn das Preßfutter gemahlen wurde und seine Korngröße den üblichen Schrotgemischen entsprach (Alleinfutter), nehmen Verff. an, daß bei dem Preßvorgang chemische Veränderungen stattfinden oder ein Hemmstoff ausgeschaltet wird. Engelmann

THORNTON, P. A., L. G. BLAYLOCK u. R. E. MORENG:

Protein level as a factor in egg production.

Poultry Sci. 36, 552—557 (1957).

Die Höhe des Proteinanteils als Faktor, der die Legeleistung beeinflußt

An 320 Weißen Leghornhennen in Einzelkäfighaltung wurden vier Futtermischungen mit 17, 15, 13 u. 11% Rohprotein erprobt unter Zusatz von 0,2% DL-Methionin bzw. 0,1% L-Lysin bzw. beider Aminosäuren. Aus den 8×28 Tage durchgeführten Beobachtungen geht hervor, daß die Höhe des Proteinanteils bei energiereicher Futtermischung keinen Einfluß auf die Legeleistung, die Futterverwertung und das Körpergewicht ausübt. Beim niedrigsten Proteingehalt nahm aber das Eigewicht deutlich ab; ebenso legten die Gruppen mit 11 und 17% Eiweiß besonders viele kleine Eier.

Die Zusätze wirkten allein auf das Eigewicht und die Eigröße, und zwar verbesserte das Methionin bereits in allen Gruppen, während das Lysin bei höherem Proteinanteil (17 u. 15%) nachteilig, bei niedrigem (13 u. 11%) fördernd wirkte. Die Kombination beider verbesserte dagegen beide Merkmale in den Gruppen mit 17 u. 15% Protein und blieb bei 11% u. 13% wirkungslos. Engelmann

KRATZER, F. H. u. N. GREEN:

The availability of lysine in blood meal for chicks and poults.

Poultry Sci. 36, 562—565 (1957).

Die Verwertbarkeit des Lysins im Blutmehl durch Hühner- und Putenküken

Je 10—12 Tage durchgeführte Versuche mit Puten- und Hühnerküken bei einem lysinarmen Grundfutter mit 28 bzw. 20% Protein (aus Sesamöl mit 1,37% Lysin) und zwei verschieden getrockneten Blutmehlen ergaben: bei Trocknung durch Versprühen (I) enthalten die Blutmehle 10—12% Lysin, bei Trocknung in Behältern (II) nur 6—8%; die im Kükenversuch ermittelten Werte betrugen im ersten Fall 75%, im zweiten 60% der im mikrobiologischen Testverfahren ermittelten Gehaltszahlen. Die Verwertbarkeit des Lysins lag bei Küken zwischen 68 und 85% (I) und 64—66% (II), bei Puten zwischen 71 und 76% (I) bzw. 49—60% (II). Engelmann

LONDSDALE, M. B., R. M. VONDELL u. R. C. RINGROSE:

Debeaking at one day of age and the feeding of pellets to broiler chickens.

Poultry Sci. 36, 565—571 (1957).

Das Schnabelstutzen am ersten Lebenstag und die Fütterung von Preßfutter an Masthähnchen

Durch Schnabelstutzen ($^1/_3$ des Ober- und Unterschnabels entfernt) wurde das Wachstum und die Futterverwertung der Küken nicht beeinträchtigt. Das geschah erst, als $^2/_3$ des Schnabels abgeschnitten wurden. Die Küken erreichten bei Preßfutter ein höheres Gewicht als bei Fütterung mit Schroten, doch verbesserte sich die Futterverwertung nicht. Dabei wuchsen die nicht behandelten Küken (bei Preßkornfütterung) besser als die mit gestutztem Schnabel, die durchschnittliche Mehrzunahme betrug 0,11 lb : 0,05 lb je Küken gegenüber den mit Schroten gefütterten Gruppen. Federfressen trat nur bei der Kontrollgruppe in einer Versuchsreihe auf, wobei die Preßfuttergruppe 38%, die Schrotgruppe 9% Federfresser hatte.

Engelmann

WEISS, H. S.:

Further comments on the effect of Nicarbacin on the egg.

Poultry Sci. 36, 589—591 (1957).

Weitere Angaben über den Einfluß von Nicarbacin auf Eier

Nicarbacin entfärbt oder „bleicht" die Schalenfarbe. In diesem 10—14 Tage durchgeführten Versuch mit einem Legemischfutter mit 0,0125% Nicarbacin, legten 24—32 Monate alte Kreuzungshennen drei Tage nach der Behandlung keine getönten bzw. fleckigen Eier mehr sondern nur noch weißschalige. Auch die braunschaligen Eier der 18 Monate alten Weißen Rocks waren nach 3 Tagen weißschalig.

Die Legeleistung ging bei den behandelten rassereinen Gruppen um 8%, das Eigewicht um 5% zurück, die Unterschiede waren im einzelnen sehr ungleich. Zu stellenweisen Entfärbungen des Dotters kam es nur in einzelnen Fällen bei Leghorns.

Engelmann

ROBERTS, RAY E.:

Salt tolerance of turkeys.

Poultry Sci. 36, 672—673 (1957).

Die Salzverträglichkeit der Puten

Erwachsene Puten im Alter von 31 Wochen erhielten zum Grundfutter mit 0,45% jodiertem Salz 1, 2 u. 4% Salz zusätzlich. Es traten keine Todesfälle auf; das Trinkbedürfnis stieg mit dem Salzgehalt des Futters an, Körpergewicht und Futterverzehr veränderten sich während der drei Wochen Versuchsdauer nicht. 8 Wochen alte Puten verhielten sich bei einem Futter mit 0,9; 1,5—2,0 u. 4,0% Salz vier Wochen lang entsprechend. 26 Wochen alte Puten blieben in 4 Wochen bei einem Futter mit 6 und 8% Salz etwas an Gewicht hinter gleichalten anderen Puten zurück, die nur 4 oder 0,45% Salz im Futter zu sich nahmen.

Engelmann

GLICK, B.:

Experimental modification of the growth of the bursa of Fabricius.

Poultry Sci. 36, 18—23 (1957).

Experimentelle Veränderung der Größe der Bursa Fabricii

Bei 4 u. 8 Wochen alten Rhodeländer-Hähnchen in Batteriehaltung führte Cortison-Azetat (1,25—5,0 mg je Infektion) zu einer Rückbildung der Bursa Fabricii, unabhängig von der nur z. T. damit verbundenen Gewichtsabnahme. Bei 4 Wochen alten Leghorn-Hähnchen gingen Körpergewichtszunahme und Drüsengröße gleichsinnig durch die Behandlung zurück. Testosteronpropionat (0,125 u. 0,625 mg) wirkten bei 8 Wochen alten Rhodeländern noch stärker als das Cortison, während Kapaunisieren das Drüsengewicht nur um 7% verbesserte. Im 4-Wochenalter reagierten die Hähnchen noch nicht auf das Testikelhormon, das kurz vor der natürlichen Rückbildung der Drüse am wirksamsten war.

Engelmann

JACOBS, H. L. u. M. L. SCOTT:

Factors mediating food and liquid intake in chickens 1. Studies on the preference for sucrose on saccharine solutions.

Poultry Sci. 36, 8—14 (1957).

Faktoren, die Futter- und Flüssigkeitsaufnahme bei Küken bestimmen
1. Untersuchungen über die Bevorzugung von Rohrzucker gegenüber Saccharin

6 Wochen alte Küken in Einzelkäfighaltung bevorzugten bei freier Wahl zwischen 12%iger Rohrzucker- und 0,13%iger Saccharinlösung bzw. Wasser die Zuckerlösung, indem sie mehr davon tranken (65—75% der im Zweifach-Wahlversuch insgesamt getrunkenen Flüssigkeitsmenge). Einen Einfluß auf die Gewichtszunahme oder den Futterverzehr hatte die Aufnahme des Zuckers nicht.

Zwangsweise mit Traubenzucker (4 molare Lösung) versorgte Küken (Kropfinjektion) nahmen nur in einer von drei Versuchsreihen weniger Zuckerlösung zu sich als die nicht zusätzlich mit Energien versorgten Küken. Die Versuche bestätigten die vom Referenten bereits nachgewiesene Fähigkeit der Küken, zwischen Rohrzucker-, Saccharinlösungen und Wasser zu unterscheiden und lassen erkennen, daß die Bevorzugung des Zuckers nicht auf seinen Kaloriengehalt beruhen kann.

Engelmann

RINGER, R. K., P. D. STURKIE u. H. S. WEISS:

Effect of mammalian gonadotrophins (PMS and FSH) on the growth response of the oviduct of white Leghorn chicks.

Poultry Sci. 36, 435—437 (1957).

Die Wirkung gonadotroper Stoffe von Säugetieren (PMS und FSH) auf die Wachstumsreaktion des Eileiters bei Weißen Leghornküken

Bei $5^1/_2$ Wochen alten Leghorn-Kükenhennen und 7 Wochen alten Hähnchen entwickelten sich die Keimdrüsen nach Injektion mit Serum trächtiger Stuten (Gonadogen, 5,0 Cartland-Nelson-Einheiten = 100 IE.), jeden 2. Tag, 10 Tage lang). Bei den Kükenhähnen stieg das Hoden- und Kammgewicht um das Dreifache, d. h. die Keimdrüsen wurden zum Wachstum angeregt und bildeten das Androgen, das den Kamm wachsen ließ. Bei den Hennen nahm das Ovargewicht ungefähr um das Doppelte zu, der Kamm um das Vierfache, der Eileiter um das 33fache (von 86 mg auf 2,855 mg). Die individuellen Unterschiede in der Reaktion waren groß.

Anderen 5 Wochen alten Hennküken wurde 10 Tage lang 3,0 Armour-Einheiten eines Hormonpräparates (FSH) in 0,3 ml Salzlösung intramuskular eingespritzt. Die Wirkungen waren die gleichen. Die Hennen der 1. Gruppe hatten mehr Follikel von 1 mm Größe und darüber als die der 2. Gruppe. In beiden Fällen bildeten die noch unreifen Ovarien Androgen (Kammwachstum) und Oestrogen (Eileiter), obwohl die Follikelentwicklung gering war: das Oestrogen wird anscheinend von den Zelle der Rindenschicht — oder anderen —, aber jedenfalls nicht von den Follikeln erzeugt.

Engelmann

KORSLUND, H. J., W. W. MARION u. W. G. STADELMANN:

Some factors affecting quality loss in shell eggs.

Poultry Sci. 36, 338—341 (1957).

Einige Faktoren, die die Qualitätseinbuße bei Schaleneiern beeinflussen

566 Eier von Hennen, die unter Fallennesterkontrolle standen, und 960 Eier von nicht einzeln bekannten Hennen der gleichen Herde wurden 2 Wochen in gußeisernen Behältern aufbewahrt, und zwar 1. bei 10° C, 2. bei 23—24° C und bei einer rel. Feuchtigkeit von 30, 50, 70 und 90%. Ein Drittel der Eier kam unmittelbar aus dem Legenest (I), $^1/_3$ wurde in einem handelsüblichen Waschapparat drei Minuten bei 48,8° C gewaschen (II), $^1/_3$ wurde nach dem Waschen für 30 Sek. in Mineralöl getaucht, das auf 43,3° C erhitzt war (III).

Der Gewichtsverlust war bei hoher Luftfeuchtigkeit am geringsten (0,24—0,40—0,52 —0,70 g); er lag bei 23—24° C doppelt bis dreifach so hoch wie bei 10° C. In allen Fällen machte das Waschen nichts aus, während das anschließende Ölen die Verdunstung und damit den Gewichtsverlust herabsetzte, selbst unter den rel. günstigsten Lagerungsbedingungen (im Durchschnitt um 11%).

Engelmann

BRÜGGEMANN, JOHANNES, JÜRGEN TIEWS u. FRITZ GRAMATZKI:

Archiv für Geflügelkunde 20, 162 (1956).

Über den Einfluß unterschiedlicher Vitamin A-Dosierungen im Kükenalleinfutter auf die Entwicklung von Eintagsküken bis zur 8. Lebenswoche

An 540 Küken verschiedener Rassen, White Rock, New Hampshire und Italiener, die in 18 Gruppen zu je 30 Stück eingeteilt waren, kamen Versuche zur Durchführung, die den Einfluß unterschiedlicher Vitamin A-Dosierungen/kg Kükenalleinfutter, das nahezu frei von Vitamin A war, klären sollten.

Erst bei 4000 IE. Vitamin A/kg Futter waren die Gewichtszunahmen innerhalb der ersten 8 Wochen (⌀ 760 g) befriedigend. Eine Gruppe mit 7000 IE. Vitamin A/kg Futter überbot dieses Gewicht um 7% (⌀ 815 g). Bei 2000 IE. Vit. A/kg Futter und weniger war neben geringerer Gewichtszunahme besonders eine hohe Sterblichkeitsrate zu verzeichnen. Küken ohne Vit. A-Zusatz zeigten klassische Vit. A-Mangelsymptome und gingen bis zu 90% ein. Eine Dosierung von 4000 IE. Vit. A/kg Futter ist nach den mitgeteilten Versuchsergebnissen als optimal anzusehen, wenn das Futter arm oder frei von Vit. A ist.

Eine 2. Versuchsreihe zeigte, daß die Entwicklung der Küken, die in den ersten 5 Wochen Vit. A-arm ernährt worden waren, eine normale Gestalt annahm, wenn in der 6. bis 8. Woche eine Dosierung von 4000 IE. Vit. A/kg Futter gegeben wurde. Umgekehrt beantworteten die Tiere einen Vit. A-Entzug in der 6.—8. Woche mit wesentlich geringeren Gewichtszunahmen als Vergleichsgruppen.

Untersuchungen über die Vit. A-Speicherung in der Leber ergaben, daß bei 4000 IE. Vit. A/kg Futter in den ersten 5 Wochen nur 50—60 IE., von der 6.—8. Woche jedoch ⌀ 470 IE. Vit. A deponiert wurden.

Pingel, Berlin

EBBEL, HARALD:

Archiv für Geflügelkunde 20, 289 (1956).

Weitere Untersuchungen über den Wachstumseffekt verschiedener Wirkstoffe im praktischen Mastbetrieb

In 2 Kükenwachstumsversuchen von 70 Tagen Dauer mit je 7 doppelt geführten Versuchsgruppen gegenüber einer ebenfalls doppelt geführten Kontrollgruppe zu 40 Tieren wurden folgende Wirkstoffe und Wirkstoffkombinationen geprüft:

1. 5 g Terramycin + 2,5 g Penicillin + 50 g 3-Nitro-4-hydroxy-Phenylarsinsäure,
2. 5 g Terramycin + 2,5 g Terramycin + 90 g Arsanilinsäure,
3. 5 g Terramycin + 2, 5 g Penicillin + 1500 g Vigofac,
4. 10 kg Mikroninkonzentrat,
5. 10 kg Hydrolysatkonzentrat.

pro Tonne Alleinfutter.

Ein eindeutiger Wachstumseffekt ließ sich mit keinem der verwendeten Wirkstoffe und Wirkstoffkombinationen erzielen. Auch die Futterverwertung blieb unbeeinflußt. Als Ursache für das Ausbleiben eines Wachstumseffektes hält Verf. folgendes für möglich. Durch die mehrjährige Verfütterung von Wirkstoffen ist die Bakterienpopulation des Betriebes in der Weise verändert worden, daß der auf das Wachstum hemmend wirkende Anteil derselben ausgeschaltet und der das Wachstum stimulierender Anteil begünstigt wurde, zumal die Kontrollgruppen Gewichte erreichten, wie in früheren Versuchen Versuchsgruppen mit Wirkstoffbeigaben.

Pingel, Berlin

Svensson, Sven Allan:

Archiv für Geflügelkunde 21, 145 (1957).

Der Einfluß der Beschaffenheit der Eischale auf die Brutfähigkeit von Hühnereiern

Verf. untersucht von 1954—1956 an 450 Eiern von Weißen Leghorn und 3200 Eiern von Rhodeländern und New Hampshire die Beschaffenheit der Schale durch Bestimmung des spez. Gewichtes des Eies und dessen Gewichtsverlust in mg je Tag. Zur Bestimmung des spez. Gewichtes wurde eine Serie Kalziumchlorid-Lösungen mit spez. Gewichten von 1,045 bis 1,095 angefertigt. Für das gesamte Material trat ein Schlupfoptimum in der spez. Gewichtsklasse von 1,075 bis 1,080 hervor. Die Gewichtsverlustbestimmungen wurden auf einer Analysenwaage durchgeführt. Bei höheren Gewichtsverlusten als 150 mg je Tag und Normalei (57 g) sank die Schlupffähigkeit sehr schnell. Eine Korrelation zwischen spez. Gewicht und Gewichtsverlust ließ sich nicht nachweisen.

Die Bestimmung der Eischalenbeschaffenheit über das spez. Gewicht kann für den praktischen Gebrauch verwendet werden, indem eine Testlösung mit dem niedrigsten zulässigen spez. Gewicht über Zuchtverbände vertrieben würde. Bei dem Ausschluß dünnschaliger Eier würde ein höheres Schlupfergebnis erzielt werden.

Pingel, Berlin

Frey, Otto:

Archiv für Geflügelkunde 20, 194 (1956).

Untersuchungen über die Möglichkeit einer Vorhersage der Leistung von Hühnern auf Grund der Ahnen- und Geschwisterleistungen

Nach 8 verschiedenen Zusammenstellungen der Ahnen-, Ahnengeschwister- und Vollgeschwisterleistungen wurde der Erbwert von 12 Zuchthähnen und 736 Hennen geschätzt und mit dem tatsächlichen Erbwert verglichen, der sich bei den Hähnen aus dem Mutter-Töchter-Vergleich, bei den Hennen aus der eigenen Leistung ergab. Die Methoden, die die durchschnittliche Leistung der Schwesterngruppe des Zuchttieres bei der Vorhersage seines Erbwertes berücksichtigen, erscheinen günstiger als die Methoden, die nur die Leistungen seiner Ahnen- und Ahnengeschwister hinzuziehen. Auch erscheint die Vorhersage bei größerer Anzahl der Vollschwestern sicherer zu sein.

Pingel, Berlin

Obenko, K. C. u. A. P. Antakow:

Ptizewodstwo,

Обенко, К. С. и А. П. Анаков

Применение кобалта при выращивании циплят

Птичеводство VI, 11, 41 (1956).

(Anwendung von Kobalt in der Kükenaufzucht)

In einem Versuch über 150 Tagen mit einer Versuchs- und einer Kontrollgruppe zu je 40 Kreuzungsküken Leghorn/Australorp wurde die Wirkung von Kobaltchlorid auf das Wachstum untersucht. Die Versuchsgruppe erhielt vom 4. bis zum 60. Tag täglich 0,1 mg steigend auf 3,0 mg Kobaltchlorid je Tier. Während beide Gruppen nach 10 Tagen noch gleichgewichtig waren, hatten die Versuchstiere nach 30 Tagen 30 g, nach 60 Tagen 21 g und nach 150 Tagen 130 g Mehrgewicht zu verzeichnen. Das Blut der Versuchstiere wies einen höheren Hämoglobin- und Erythrozytengehalt auf. Des weiteren waren die inneren Organe besser entwickelt.

Pingel, Berlin

Havermann, H. u. W. Hartfiel:

Archiv für Geflügelkunde 20, 90 (1956).

Bestätigt der Röntgentest den Einfluß von Antibiotica (Terramycin) auf die Ca- und P-Aufnahme bei Küken

Nach einer 7tägigen Vorbereitungsfütterung wurden 240 Leghornküken in 10 gewichtsgleiche Gruppen eingeteilt. Eine Testserie erhielt eine sich steigernde Menge Vitamin D 3 bei gleichbleibender Gabe von Terramycin, eine andere Testserie erhielt umgekehrt bei konstanter Vitamin D 3-Menge eine zunehmende Dosis an Terramycin gegenüber der Kontrollserie, die nur unterschiedliche Vitamin D 3-Gaben bekam. Das 21 Tage nach dem Schlupf mittels Röntgentest festgestellte Abnehmen des Abstandes zwischen Tarsus und Metatarsus der Versuchsgruppen beweist eindeutig die bessere Kalzifikation durch Terramycin. Pingel, Berlin

BLATTNA, J., J. FRAGNER u. J. KRUMPHANZLOWA:

Archiv für Geflügelkunde 21, 164 (1957)

Über die Zusammenhänge der Dotterfärbung und des Vitamingehaltes der Eier

Die Versuchsarbeiten wurden in einer Geflügelfarm mit jeweils 4 Hennen der Rassen Weiße Leghorn, Rhode Island und rebhuhnfarbiger Italiener durchgeführt, und zwar wurden in der Zeit vom Nov. 1954 bis Aug. 1955 monatlich 6 Eier je Henne untersucht. Eine gesicherte Korrelation ergab sich nur zwischen Dotterfärbung und Carotingehalt, nicht aber zwischen Dotterfärbung und Vitamin-A-gehalt. Pingel, Berlin

HAVERMANN, H. und W. HARTFIEL

Archiv für Geflügelkunde 21, 164 (1957).

Der Einfluß eines grenzflächenaktiven Alkylpolyglykoläthers auf die Kalzifikation bei Küken in Gegenwart von Vitamin D 3

Nach einer 7tägigen Vorbereitungsfütterung mit einem Vitamin D 3-armen, aber mineralreguliertem Futter wurden bis zum 21. Lebenstag in 3 Versuchsreihen mit insgesamt 24 Versuchs-und Kontrollgruppen zu je 23—26 Tieren unterschiedliche Mengen an Vitamin D 3 (0—240 IE.) und Foryl 50-zusätzen (1,3 u. 5 g/kg Futter) gegeben. Hinsichtlich Gewichtszunahme und Futterverwertung ergaben sich während dieser kurzen Versuchszeit keine gesicherten Anhaltspunkte über den Einfluß von Foryl 50. Der mittels Röntgenbildern festgehaltene Abstand des Ta sus vom Metatarsus des rechten Beines war bei den mit Foryl 50-zusätzen gefütterten Gruppen geringer, wodurch die Wirkung dieses grenzflächenaktiven Stoffes auf die Kalzifikation erwiesen ist. Dieser Einfluß beruht auf einer besseren Dispergierung und Emulgierung der Fettbestandteile des Futters und damit auch des fettlöslichen Vitamins D 3. Physiologisch betrachtet ist diese Wirkung mit der der Gallensäure zu vergleichen. Pingel Berlin

MCGREGOR, S. E. u. FRANK E. TOPP:

Cantaloup Production with Honey Bees.

Joecon. Entomol. 45, 43—47, Febr. 1952.

Ertrag bei Warzenmelonen mit Hilfe von Honigbienen

Versuche in Salt River Valley, Arizona, zur Ertragssteigerung bei Warzenmelonen mit Hilfe von Honigbienen. Honigbienen sind die einzigsten Insekten, die diese Melonenart zu bestäuben vermögen. Versuche ergaben, daß unter Freiluftkäfigen erfolgte Bestäubung zu höheren Erträgen führte als bei Kulturen ohne besondere Maßnahmen. Die Melonenblüten öffneten sich zwischen 7 und 8 h morgens, die Nektarproduktion setzte zur gleichen Zeit ein. Bis um 11h waren etwa 3 mg Nektar erzeugt, in Zwitterblüten wurde die Nektarerzeugung bis gegen Abend fortgesetzt, wobei insgesamt etwa 18 mg Nektar erzeugt wurden. Die Bienentätigkeit begann ebenfalls bald nach der Blütenöffnung, ein Höhepunkt lag etwa um die Mittagszeit, nachmittags ließ die Aktivität der Bienen langsam nach.

Im Vergleich zu anderen Pflanzen produziert die Warzenmelone etwa zweimal soviel Nektar bei gleichem Zuckergehalt wie Alfalfa, jedoch entstehen bei Alfalfa je Flächeneinheit 300mal so viel Blüten. Wenn auch die Melonenblüten auf die Honigbienen eine Anziehungskraft ausüben, so ist ihr Ertrag für den Imker nicht besonders lohnend.

Blasenfüßer, Käfer und heimische Bienenarten vermögen nicht die Bestäubung bei Warzenmelonen hervorzurufen. Von Honigbienen genügt ein Volk/acre um die Bestäubung zu sichern. F. Lüpnitz, Berlin

STUTE, K.:

Celle, Bundesforschungsanstalt für Kleintierzucht.

Anzeiger für Schädlingskunde 30 (7), 97—99 (1957).

Möglichkeiten des Nachweises von Insektiziden in toten Bienen

Eine Schädigung der Bienen durch Anwendung „bienengefährlicher" Pflanzenschutzmittel kann auftreten durch

1. Fraßwirkung (Gift wird mit Nektar, Honigtau, Pollen oder direkt als Substanz) bzw. als deren Spaltprodukt aufgenommen).
2. Kontaktwirkung (Einwirkung über die Tarsen oder andere Körperteile).
3. Atemgiftwirkung (Eindringen von Gas in das Körperinnere).

Daneben können auch Schädigungen durch industrielle Abfallprodukte bzw. Industriestaub entstehen (etwa fluorhaltige Gase).

Die Anwendung von insektizidwirkenden Pflanzenschutzmitteln ist weitgehend gesetzlich geregelt, so daß Schadenfällen im Interesse einer Ersatzleistung nachgegangen werden kann. Die letale Dosis der Gifte (ausgedrückt durch LD_{50} nach 24 oder 72 Stunden) ist experimentell ermittelt worden. Sie beträgt für Parathion etwa 0,05 Mikrogramm/Biene, Lindane 0,10, Dieldrin 0,25, Aldrin 0,3, Chlordane 1,1, Systox 1,5, DDT 8, Toxaphen 30, Fluor 4—5, Arsen 0,1. — Verfasser gibt Verfahren zum Nachweis verschiedener giftig wirkender Stoffe an. Erwähnt werden fluor- und arsenhaltige Verbindungen, Parathion, E 605, DDT, HCH. Dargestellt werden chemische Verfahren (Titration), physikalische (Klorimetrie), biologische Teste und Pollenanalyse. — Erstrebenswert ist die Durchführung einheitlicher Verfahren in den verschiedenen Gebieten.

F. Lüpnitz, Berlin

NITSCHMANN, JOACHIM:

Berlin, Zoologisches Institut der Humboldt-Universität.

Deutsche Entomologische Zeitschrift N. F. 4 (3/4), 143—171 (1957).

Die Füllung der Rektalblase von *Apis mellifera* L. im Winter (*Hym. Apidaea.*)

Mit Hilfe von Schnittserien wurde die Volumenveränderung und die Verlagerung der Rektalblase der Honigbiene untersucht, die während der Winterruhe — an der Defäkation verhindert — Nahrungsreste darin aufgespeichert. — Während der ersten Winterhälfte erfolgt ein langsames Ansteigen der Füllung, im letzten Drittel dagegen ist die Füllungszunahme stärker. Die Rektalblase beansprucht dabei einen großen Teil des Hinterleibes und drückt den Mitteldarm nach vorn. Auf Herz, dorsales Diaphragma, Giftblase, Dünndarm und Tracheen wird ein gewisser Druck ausgeübt. Der Inhalt der Rektalblase ist individuell verschieden zusammengesetzt, insbesondere schwankt der Grad der Pollenfüllung. — Eine Valvula rectalis verhindert das Rückfließen des Kotes in den Dünndarm. Eine V-förmige Analschlinge und eine Analplatte verschließen die Rektalblase, die Defäkation wird durch Aufpumpen der Trachealblase und Retraktion des Stachels bewirkt.

Es wird angenommen, daß durch die Behinderung der übrigen Hinterleibsorgane, insbesondere des Herzens, der physiologische Nährstoff- und Leukocyten-Transport weitgehend behindert wird, die Exkrete werden nicht in vollem Maße unschädlich gemacht, dadurch ist es möglich, daß sich die normale Bakterienflora im Darminhalt vermehrt, und der durch die Stoffwechselprodukte der Bakterien geschwächte Körper gegen Ruhr anfälliger wird.

F. Lüpnitz, Berlin

RENNER, MAX:

München, Zoologisches Institut der Universität

Die Umschau 57 (14) (15), 423—425, 468—470 (1957)

Die „Uhr" der Bienen

Nach den ersten Beobachtungen und Versuchen von FOREL (Das Sinnesleben der Insekten, 1910) wurden viele Untersuchungen über das tagesrhythmische Verhalten der Bienen und den dieses bedingenden Zeitsinn durchgeführt. Alle Ergebnisse von Dressurversuchen durch Testfütterung im Freiland, in künstlich beleuchteten Räumen (RENNER, Über die Haltung von Bienen in geschlossenen, künstlich beleuchteten Räumen) und auch in Stollen 180 m unter Tage deuten immer wieder daraufhin, daß dieser Zeitsinn nicht mit einem täglich immer wiederkehrenden äußeren Ereignissen zusammenhängt. Somit fallen Sonnenhöhe bzw. -stand, Höhenstrahlen oder andere kosmischen Einflüsse fort.

Den Beweis für das Vorhandensein eines inneren Zeitgebers gibt der „Transozeanversuch". Eine Bienengruppe von 40 Individuen wurde in Paris auf einen sich täglich zwischen 20^{15} h und 22^{15} h wiederholenden Futterrhythmus dressiert. Nach 14tägiger Dressur wurde das Volk auf dem Luftwege nach New York verbracht, wo es etwa 21 Stunden nach der letzten Dressur anlangte. Dort hielten die Tiere, trotz des Zeitunterschiedes von 5 Stunden ihren 24stündigen Futterrhythmus ein. Auch das Rückexperiment mit einem in New York dressierten Volk bestätigte, daß Bienen den 24-Stunden-Rhythmus einhalten und dabei nicht durch eine Ortsveränderung in ostwestlicher Richtung bzw. umgekehrt beeinflußt werden.

Dieser endogene Zeitsinn ist bei Bienen stärker ausgeprägt als bei Menschen, die nach einiger Zeit von Licht- bzw. Dunkelaufenthalt ihren Zeitsinn verlieren. Es wird angenommen, daß der Zeitsinn der Insekten für die Orientierung im Raum erforderlich ist: mit Hilfe des Sonnenstandes und des Zeitgefühles ist es ihnen möglich, die Himmelsrichtung festzulegen.

F. Lüpnitz, Berlin

STREUHEXAMIN

2 Wirkstoffe: Roh-Chloramin + Lindan (Gamma-HCH).

Streupulver zur Desinfektion und gleichzeitigen Ungeziefervernichtung an allen Haustieren, in Stallungen und Ausläufen.

STREU-MIANIN

Wirkstoff: Chloramin (techn. rein.).

Streupulver zur Desinfektion von Stallungen, Ausläufen und Transportmitteln.

MIANETTEN

Wirkstoff: Chloramin (techn. rein.) + Natriumphosphat.

Tabletten zur Desinfektion des Trinkwassers in der Geflügel- und Kleintierhaltung. Zur Vorbeugung und in Seuchenzeiten.

Großbezug durch DHZ Pharmazie, Staatl. Kreiskontore, Kleinverkauf durch Apotheken, BHG, Drogerien und andere Fachgeschäfte.

VEB FAHLBERG-LIST MAGDEBURG

www.ingramcontent.com/pod-product-compliance
Lightning Source LLC
LaVergne TN
LVHW042246300926
849161LV00003B/485